開運！日本の伝統文様

穿在身上的祝福

和式纹样的爱与美

U0207400

［日］ 水野惠司 编写
藤依里子 著　　薛芳 译

海峡出版发行集团
THE STRAITS PUBLISHING & DISTRIBUTING GROUP

鹭江出版社
LUJIANG PUBLISHING HOUSE

2018 年·厦门

前言

人类是从什么时代起开始绘制纹样的？出土的铜铎上已绘有纹样，看来从远古时代起，人们就同纹样一起编织着历史了。

回溯日本的历史，养蚕、纺丝、织布都曾风靡日本各地。而如今这些"历史灯火"正在逐渐熄灭。市井行人遍着洋装，"Simple Is Best"风潮盛行。人们的个性逐渐弱化，纹样也渐渐淡出了世人的视线。

正是在这样的时代背景下，我才更想通过这本书让人们了解和式纹样的含义，感受自古相传的日本传统韵味之深厚。希望人们一看到描绘于和服、古玩上的纹样，以及博物馆中的展品，就能听到当时人们的心声，并将纹样的美与乐趣传递给更多的人，将纹样艺术传承下去。

本书参考了众多前辈的著作与资料，并承蒙儿玉进先生为本书的策划出版牵线搭桥。在撰写第六章吉祥小物相关内容的过程中，有幸得到大阪成蹊短期大学名誉教授冈田保造先生关于辟邪与纹样的解说与建议。而日本实业出版社编辑部在编辑的过程中，为使本书在文字上更加易读、图案更加美观付出了诸多努力。最后，我想向上述各位表达衷心的感谢，同时也感谢营销部等各位有关人士的支持。

而最想说的，还是向将本书捧在手心的您道一声"谢谢"。

水野惠司

藤依里子

2010 年 2 月

目录

第一章　和形之源起：历史中的和式纹样

第三章　源于古老祈求的纹样

第二章　和式纹样的种类与形式

第五章 和文化孕育出的纹样

第四章　源于众生心愿的纹样

本书介绍的纹样及其象征多为对纹样意义、背景的印象，并不是说每个纹样都必然有固定含义。另外，每种纹样都有众多图案，本书中收录的纹样图案仅是众多纹样中的一例而已。

第六章　充满寓意的吉祥小物

图书设计：铃木朋子

DTP·插图制作：tact system

插画：水野惠司

插图：濑川尚志

照片：皿多一郎

第一章

和形之源起：

历史中的和式纹样

溯纹样之谜

　　说起纹样，经常会被误认为是家徽。纹样的产生远早于家徽。在某种意义上纹样可以说是家徽的重要起源。也有一些图案在产生之初本被用作家徽，几经发展后渐渐被用作纹样。

　　正如本书下文所述，每种纹样都有各自的含义。这些含义虽多为人们祈求幸福之意，但其种类之多着实令人惊叹。

　　仔细观察博物馆中的展品就不难发现，纹样的形状和种类因时代、使用者性别的不同而不同这一倾向。

例如，妙龄女性的随身之物、衣物、寝具上多绘有**鸳鸯纹**、**铁线唐草纹**，而出征武士的盔甲绘的则是**蜻蜓纹**、**菖蒲纹**。

那么，这些纹样的区别又是什么呢？**鸳鸯纹**中又包含着什么愿望？为什么要在盔甲上画蜻蜓？本书将为您一一揭晓。请读下去吧！

和式纹样的觉醒

从绳文文化到大陆传来的纹样

纹样的诞生可以追溯到文字产生前很久。人们用指甲、木片等在陶器上做记号，以表明该物品归自己所有，由此便产生了最早的纹样——**爪方纹**。

之后又产生了得名于"捻绳""绳纹"的绳纹陶器，而**捻绳纹**、**多绳纹**就是将捻绳按压于陶器之上形成的。至绳文时代中期，人们在纹样上大花工夫，出现了用贝壳描绘而成的**贝壳纹**。

随着陶偶、陶具、漆器的出现，人们又创作出大量包含咒术、神话之意的曲线纹样。与此同时，从绳文时代中期起，陶器上的纹样开始有了具体形象，多以人脸、人体及蛇等动物为主。

爪方纹

被公认为用指甲掐出来的图案，也包括用木片等划成的图案。

捻绳纹

得名于绳纹陶器，一般认为是将绳纹按压于陶器之上而成。

绫杉纹

见于弥生时代前期的陶壶等，公认有咒术含义。

穿在身上的祝福：和式纹样的爱与美

进入弥生时代，金属器具从大陆传来，日本出现了铜铎（一种摇奏体鸣乐器）。**绫杉纹**、**双头涡纹**等规律、整齐的纹样受到人们的关注。纹样被赋予了装饰性美感，而且对人物、动物、建筑物的刻画也更加细致。特别是**人物纹**，因记载了狩猎、农业、渔业、战争等情况而被保留至今。

到了古坟时代，陶俑、须惠器等陶瓷器，以及镜子、武器、马具、装饰品、金属工艺和玻璃工艺等相继产生。在以动植物、房屋、器物等为主题的纹样更具设计感的同时，**四神纹**、**蒲葵纹**等从大陆传入的纹样也深受欢迎。

见于铜铎之上的纹样，能令人感受到规律的装饰之美。

人物纹

所绘人物男女有别，记录了狩猎等情形。

蒲葵纹

以藤蔓植物为主题的纹样。一说为**唐草纹**的起源。

异国风情的传入

佛教的传入与装饰纹样

6 世纪中叶的飞鸟时代，铜铸镀金佛像，如释迦牟尼金铜佛等由百济传入日本，朝廷也正式认可了佛教的传入。因此，6 世纪下半叶，寺院建筑师、佛教画师从百济来到日本，使日本的文化取得了飞跃性发展。

佛教美术的代表性纹样为**忍冬纹**。飞鸟时代的代表性工艺品——法隆寺（奈良县）的"玉虫厨子"也绘有该纹样。此外，各式佛像的背光上还能看到很多火焰状**云纹**，该纹样吸收了中国神话系统中"气"的思

忍冬纹	云纹	莲花纹

唐草纹的起源。一说是由蒲葵纹演变而成的。法隆寺"玉虫厨子"上也有该纹样。

多见于飞鸟时代佛像背光之上，与中国神话思想有关。

古印度将莲花视为生命之源，**莲花纹**正是来源于此。

想。与此同时，**莲花纹**也逐渐成为佛教美术中不可或缺的意象。

随着佛教的发展，进入奈良时代的日本甚至举国兴修佛教工程，如铸造东大寺（奈良县）大佛。描绘在正仓院（奈良县）所藏工艺品之上的**正仓院纹**成为该时代纹样的象征，并由此诞生了众多具有国际背景的纹样。

这一时期的和式纹样的特点在于描绘了犀牛、麒麟、骆驼、大象、猴子、狮子等异国动物。此外也有**昨鸟纹**、**双兽纹**等源于波斯的纹样。

貘纹　　　　　　昨鸟纹　　　　　　树下动物纹

描绘貘这种动物的纹样。当时日本还没有人见过貘。

描绘凤凰、鹦鹉等鸟类衔着花枝、宝物姿态的纹样（见135页）。

源于波斯的正仓院纹样。纹样为中间一棵大树，树下绘有动物。

佛像、佛画中的纹样

　　日本文化的源流之一便是佛教。佛教与伊斯兰教、基督教并称为世界三大宗教。公元前5世纪左右，释迦牟尼阐释了佛教教义。6世纪中叶，百济向日本朝廷进贡佛像、佛经，佛教由此传入日本。

　　当时，圣德太子、苏我氏成为日本的政治核心，在飞鸟（奈良县）修建法隆寺，拉开了日本佛教文化的序幕。佛教美术也应运而生，佛像、佛画相关纹样随处可见。

仙人纹

描绘神仙风姿，见于奈良时代的佛具上。

莲蝶纹

由莲花和蝴蝶组成的图案，莲花是公认的象征佛之美好与奇迹的植物。见于曼荼罗、佛像台座等。

云上楼阁纹

云霄之上绘有楼阁，描绘了天界之景。

葡萄唐草纹

葡萄纹和唐草纹的组合。东大寺（奈良县）的《葡萄唐草纹染经纬》为人熟知。

连珠纹

圆纹的一种，由大小不一的圆形、环形组成，常见于佛具的盖子上。

宝相花唐草纹

由宝相花和唐草组成。宝相花为想象出的一种盛开于极乐世界的花。铜版浮雕上也有该纹样。

平安时代（794—1192）

宫廷喜爱的日式美感

和歌、假名文字的影响

平安时代初期的纹样多以大陆风格或是受中国文化影响的纹样居多，但至平安时代中后期则演变为以日式美感为基础的纹样。

就拿动物、鸟类纹样来说，由描绘充满异国风情的鹦鹉、犀牛、大象等演变为描绘身边常见的鸟、鹤、雀、兔、犬等。此外，描绘异国之鸟衔花、鸟衔丝带的昨鸟纹也演变为鹤衔松枝的**鹤衔松纹**。

这些变化与假名文字的产生紧密相关。受在原业平的《六仙歌》、纪贯之的《古今和歌集》等影响，纹样也吸收了很多和歌、文学的主题。此外还产生了很多基于日式美感的纹样，如绘有秋草、红叶等富有日式情调的纹样，以及花与蝶组合而成的**花蝶纹**等。

鹤衔松纹

描绘了鹤衔松枝的姿态，象征喜庆。

波与千鸟纹

由波浪与千鸟组合而成，又名**波千鸟纹**。

花蝶纹

由花与蝶组合而成，是常见的描绘日式景致的纹样。

　　而且这一时期还诞生了"料纸"。这是一种先将和纸晕染,再用木版印上花纹,最后用金箔银箔装饰而成的美术和纸。装料纸的盒子会被施以一种叫作"莳绘"的漆艺,其上多绘有自然风光。

　　佛像、佛画中则盛行"切金",这是一种用切得极细的金箔绘制纹样的工艺技法。**龟甲纹**、**七宝纹**、**卐纹**等流传至今的几何纹样也诞生于这一时期。

秋草纹

绘有芒草、胡枝子等夏秋季节开花结籽的植物组合的图案。莳绘中会对其进行写实性描绘。

独轮车纹

描绘牛车车轮浮于水面的雅致纹样。

万字纹（卐纹）

常见的佛教装饰纹样。由相连的"卐"组成的纹样叫作**万字变幻纹**。

有职纹样

　　和式纹样中有个术语叫作"有职纹样"。"有职"在日语中读作"YUSYOKU"或"YUSI（SO）KU"。自平安时代起，有职纹样就成为绘于朝臣装束、日用品上的传统纹样。至镰仓时代，朝臣服饰被简化，本是便服的束带等装饰所包含的仪式性意义更加浓厚。于是人们在各式纹样上做足工夫，以便能使穿衣人的身份、地位、门第、年龄等一目了然。

　　有职纹样大多是将飞鸟、奈良时代由中国传入的纹样本地化而成的，因此，在当时是只有贵族阶层才可以使用，而普通庶民却难得一见的高贵之物。到了现代，虽然有职纹样可以不论身份、地位自由使用，但仍有一些纹样只有皇族、神官在仪式中才会穿戴。

相向蝶丸纹

圆纹的一种。双蝶展翅组成的圆形图案。见于女官唐衣外套等。

浮线绫纹

原指采用提花法织成的斜纹织物。现指大圆形图案，也用作此类纹样的总称。提花法为挑起底纹纬线编织的一种织法。

三重襷纹

三条襷状斜线中绘有四个菱形组成的图案，常见于夏装。①

浮线藤纹

浮线绫纹的一种，大圆形藤蔓图案。此外还有浮线菊纹、浮线蝶纹等。

窠霰纹

窠纹（木瓜纹）与霰纹搭配而成的纹样，见于贵族衣物、日常用品。

相向鹤菱纹

两只仙鹤上下或左右相向而成的菱形图案，多为织物纹样。

① 襷为日本汉字。

镰仓时代（1192—1333）

从优美到武士理智

武士修养与纹样

源赖朝以镰仓为据点，集结关东武士，灭平家于坛浦（山口县），武家势力从此取代公家势力，执掌大权。日本的政治中心由京都移至镰仓，开启了武家政权。各类纹样中也因此引进了很多新样式。

但日本的文化支柱仍多为京都贵族，因此纹样仍沿用于平安时代的传统样式。所以镰仓时代初期，纹样几乎没有变化。之后源赖朝去世，几经争夺，幕府的主导权逐渐落入已完成武士联合的北条时政之手，日本进入北条执政时代。

这一时期的武士们以马术、弓箭等武艺勤练身心，养成了重名知耻的"武士修养"。纹样也一改平安时代优美、富有情调的特征，产生了很

竹虎纹　　　　　　　狮子牡丹纹　　　　　　樱树双鹤纹

竹与虎组合而成的纹样。据说在中国，人们认为虎有辟邪的作用。

由狮子、牡丹组合而成。狮子在当时的日本是虚构动物，被视为神兽。

纹如其名，描绘的是樱树下有两只仙鹤的场景，由之前的树下动物纹演化而成。

多结构理性，由金、银、贝壳等丰富素材绘制而成的精巧细致的纹样。

其中尤以**苇手绘纹**等为代表的**歌绘纹**最为流行，甚至对江户时代的狭袖便衣也产生了影响。苇手绘纹诞生于平安时代，是将画与"芦苇"等图案，以及"水草""流水""岩石"等文字糅合而成的纹样。而歌绘纹则是用和歌、汉诗意象作为基础图案，并在图案中加入一节和歌文字的纹样。对于武家女性而言，这些纹样成为她们掌握和歌等文学的一种方式。

沙洲千鸟纹

由沙洲和千鸟组合而成。沙洲上有时也配有带枝菊花等。

篱菊纹

由篱笆和菊花组合而成。也有说法认为图案中的篱笆是神篱①。

歌绘纹

取和歌、汉诗意象作画，并配上该节文字而成的纹样。苇手绘纹也是歌绘文的一种。

---

① 神篱：为召神灵下凡而在清洁的场所四周立杨桐等神木，以安置神体。

茶道普及：走向质朴、高雅的和式纹样

近代日本美术的基础

室町时代，日本社会稳定，与中国、朝鲜等国贸易频繁。明朝的铜钱、生丝、丝织物、书画等传入日本，而日本的刀、莳绘等也输出到他国。

禅僧们带回的舶来品备受日本上流社会关注。随着茶道的普及，间道（条纹织物）、缎子、金襴（织金缎）等外来染织品被用来裱装书画、缝制茶具袋、贴手镜等，备受珍视，被称为"名贵绣片"。描绘于这些绣片之上的**花兔金襴纹**、**荒矶缎子纹**等纹样为下一时代的流行奠定了基础。

此外，音乐家观阿弥和世阿弥让深受贵族、武士喜爱的猿乐、田乐发展为"能"，深受武家社会喜爱。因此也出现了"能装束"所特有的因角色而异的纹样。

花兔金襴纹

由花和兔组合而成，也叫**角仓金襴纹**。

荒矶缎子纹

由波纹和鲤鱼组合而成，多描绘于缎子之上。

远州缎子纹

江户时期的茶人小堀远州喜欢的十余种缎子纹样。

在建筑领域，日本引进了带壁龛的书院式建筑。绘画上则流行整幅用水墨描绘而成的水墨画，画僧雪舟等杨（1420—1506）名气大噪。质朴而高雅的文化逐渐渗透到日本人民的生活中。而美术、工艺品等各种艺术领域开始认真追问究竟何为"日本人之魂"，并由此诞生了融木雕和漆艺为一体的日本独特工艺品——镰仓雕漆器。日本近代美术、艺术的风格由此初步形成。

受上述影响，该时期的纹样特征表现为：在原本多为描绘自然风景的纹样中加入了幻想和戏剧化的表达，如将现实中并无藤蔓的梅、桐、菊等描绘成**唐草纹**。

鸡头金襕纹

描绘了鸡头花（牡丹花），因为有隆起的土，所以又叫**作土纹**或**土造纹**。

菊唐草纹

将本不生藤蔓的菊花与藤蔓融合而成的唐草纹，为颇具室町时代特征的纹样。

梅唐草纹

将本不生藤蔓的梅花与藤蔓融合而成的唐草纹。此外，梧桐等也被用作唐草纹。

生于草莽的华丽纹样

桃山文化与南蛮贸易

安土·桃山时代，日本出现了很多生于乱世，长于草莽，而日后飞黄腾达的大名、武士，以及因商业、贸易上的影响力而手握权力与财富的大商人。象征统治者权威的城堡相继建成，统治阶层在其中过着奢华的生活。城堡的柱子、栏杆上有豪华雕刻，而隔扇门、屏风也饰以华丽色彩。

随着小呗（一种日本短诗）、净琉璃（一种日本特有文体）盛行，出云（地名，位于日本岛根县）的阿国（公认的日本歌舞伎的创始人）备受欢迎，这也反映出当时的日本社会整体沉浸在太平盛世的安逸中。与此同时，比起情调，纹样开始更加主张存在感，有冲击力的设计更受偏爱。

说到这一时代，就不得不提日本与葡萄牙、西班牙之间的南蛮贸易

瞿麦纹

绘有瞿麦，是**秋草纹**里不可缺少的一部分，多见于城堡室内装饰。

秋草竹纹

由**秋草纹**和**竹纹**组合而成，是莳绘的常见图案。

烟管纹

绘有烟管，是受南蛮贸易影响的产物。

的影响。在传教士进入日本传教的同时，天文学、医学、航海术、西洋画技法等也被传入日本，甚至还会有人穿着南洋风格的服饰。纹样也吸收了烟管、元禄花纸牌①、洋犬等元素。元禄花纸牌是一种由葡萄牙船员传入、后在日本经改良而成的纸牌。"うんすん"中的"うん"出自葡萄牙语的"um"，意为"一"；"うんすん"中的"すん"则出自葡萄牙语的"sum"，意为"最高"。

与此同时，日本工匠们还制作了大量用于出口的漆器，山茶、秋草、樱花等西方人喜爱的图案都被用于莳绘纹样之中。顺便补充一句，莳绘在海外被称为"japan"。

元禄花纸牌纹

洋犬纹

枫橘纹

元禄花纸牌为源自葡萄牙的一种纸牌。该纹样上绘有这种纸牌的图案。

犬纹的一种，是绘有当时日本罕有犬种的可爱纹样。

由枫与橘的图案组合而成，是西方人喜爱的日本纹样之一。

① 元禄花纸牌的日文名为**うんすんカルタ**。

家徽与纹样

据说家徽起源于平安时代的贵族在牛车、服饰、日常用品上绘制的优美花纹。进入战乱时代，武士和武将们开始在战旗、盔甲上加绘家徽和纹样。仔细看那些描绘战争的画卷，就会发现旗帜和盔甲上也绘有纹样。

此外，有的旗帜上还绘有骷髅、碟刑以威吓敌人，但为了便于分清敌我，图案都被简化了，于是便有了流传至今的家徽。当然，贵族、商人、町民和庶民之间也使用纹样。它不仅象征着穿戴纹样者肩负的社会责任，而且在那个识字率极低的时代还扮演着"记号"这一重要角色。

织田瓜纹

被公认为属于织田信长的纹样。也叫"木瓜纹"，画的是地上的鸟巢。

德川葵纹

被公认是德川家康的纹样。绘有繁殖力极强的神草——葵。据说葵纹的变形多达一百二十余种。

圆形交错矢纹

被公认是服部半藏的纹样，在圆中绘有交错的箭。矢纹是一类形式多种多样的纹样。

太阁桐纹

被公认是丰臣秀吉的纹样，又名"五三桐纹"。是一种很常见的家徽，画的是同凤凰密切相关的梧桐。

三鳞纹

被公认是北条氏康的纹样，绘有鱼鳞。由于鱼鳞遇光会闪闪发光，所以又被称为"色子"。

武田菱纹

被公认是武田信玄的纹样，以水生菱为主题绘制而成。但也有说法认为武田信玄之所以会用这一纹样是因为它很像水田。

江户时代（1603—1867）

庶民文化的蓬勃发展与琳派的诞生

江户人的气质与纹样

　　丰臣秀吉死后，在关东拥有领地的德川家康势力大增，建立了江户幕府，从此开始了江户时代长达两百六十余年的统治。

　　时局安定后，随着都市的繁荣，京都、大阪产生了以庶民为中心的上方（元禄）文化。在文艺方面，大阪的町民、井原西鹤的小说、近松门左卫门的木偶净琉璃剧本、松尾芭蕉的俳句已为世人所熟知。在绘画方面，出现了俵屋宗达、尾形光琳和尾形干山兄弟、酒井抱一等个性丰富的艺术家。美术工艺方面，则诞生了琳派。琳派在继承了大和绘描绘日本风景、风俗传统的同时，形成了自己特有的崭新意象。

钱形纹

绘有钱币，有的钱形纹还绘有作为渡三途之河的运费而闻名的**六文钱**。

象棋子纹

绘有象棋子。象棋不仅是贴近生活的娱乐项目，还象征着胜负运气。

团扇纹

绘有团扇。团扇虽早在奈良时代就已传入日本，但团扇纹却在江户时代才开始流行。

之后，日本的文化中心转向江户，并发展出以町民为中心的化政文化。各个城市都建起了小剧场、歌舞伎座，以观赏曲艺、歌舞伎、落语等。文艺方面，川柳、狂歌、长篇小说盛行，铃木春信、喜多川歌麿、葛饰北斋等人相继留下大量优秀绘画作品。

在上述背景下，纹样中也产生了以象棋棋子、伞、酒葫芦等日常事物为意象，并兼顾吉祥兆头的双关纹样，以及玩心四溢的**猜画谜纹**等。

万扇纹

描绘了各种扇面散乱铺满整个画面的场景。据说象征着逐渐扩展、走向繁荣。

松竹梅鹤龟纹

吉祥纹的一种，由松竹梅纹与鹤龟纹组合而成。

流水茶筅纹

猜画谜纹的一种，绘有立于流水之中的茶筅，寓意身处洪流仍挺立不屈。

光琳纹样

尾形光琳（1658—1716）是活跃于 17 世纪末至 18 世纪的琳派代表画师。他生于京都一家名叫"雁金屋"的和服衣料商之家，由于家境富裕，一直过着放荡挥霍的生活，四十岁以后才真正开始画师生涯。

尾形光琳的画在传统优雅的大和绘中加入崭新构图，既是一种装饰又是一种新颖独特的样式。但由于尾形光琳本人并不认为自己独特的画风可用于染织，所以纹样集的雏形本上写的不是"光琳"而是"光林"。**光琳纹**并非指尾形光琳自己创作的纹样，而是模仿光琳画风的纹样的总称。光琳死后，该纹样突然走红。

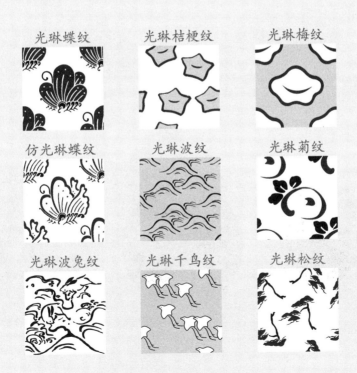

光琳蝶纹	光琳桔梗纹	光琳梅纹
仿光琳蝶纹	光琳波纹	光琳菊纹
光琳波兔纹	光琳千鸟纹	光琳松纹

被称作古董的纹样

反映时代急剧变化的纹样

　　明治维新后日本政府废藩置县，废除身份制度，最终使日本走入近代。日本政府为了培育产业而废除锁国制度，解禁基督教，大力吸收欧美文化。于是"文明开化运动"兴起，日本国民开始断发、着洋装。此外，日本政府还兴建了富冈制丝（群马县）等官营模范工厂，并举办博览会。随着新技术的发展，活字印刷术在日本得以普及，报纸、杂志开始发行。夏目漱石、森欧外等大师活跃于文坛，绘画艺术领域则活跃着横山大观、冈仓天心等。

　　因此，这一时代在继承江户潮流的同时，还追求具有新时代特色的纹样。当时，法国流行以植物图案和流线为特征的"新艺术派"。在这一影响下，和式纹样开始在日本传统的云、流水等图案上搭配蔓草、郁金

横滨异人馆之图盘

截取一川芳员的版画《横滨异人馆之图》中的一部分而成的纹样。

窗绘异人图盘

在扇面、团扇形、歌留多（一种日本纸牌）碎纹构成的传统窗绘中绘有三轮车、西洋犬、望远镜等。

电线燕纹盘

将分割画面的曲线比作电线并配以燕子正面图形，构成一幅绝妙的画面。

香等西洋花卉。

明治时代之后的大正时代政党政治活跃，提出了大正民主主义，自由主义风潮盛行。在这个社会运动活跃的年代，日本出现了百万余种报纸杂志，大众文化登场。电影（无声电影）开始流行，学术界和文艺界也有了新发展。但就在新文明正要扎根之时，第一次世界大战爆发，紧接着关东大地震暴发。"一战"后，日本国内情势再度陷入动荡状态。

即便如此，纹样界仍未停止新的尝试，艺术家们将纹样互相叠加，创造出了前所未有的大胆构图。出现了主张脱离已有样式的"脱离派"条纹图案、"脱离派"印花布、埃及纹样等。此外，凭借美人画成名的竹久梦二还参与了众多西服、和服的设计工作，这些服饰被公认为"大正

双翼机图盘

颇具日本风情的海岸风景里配上了蒸汽船和日本自古就有的帆船，还绘有双翼机，具有不可思议的情趣。

单位纹盘

日本于大正十年（1921年）废除尺贯制，统一使用米制。这一纹样很好地反映了日本的社会变化。

相扑组合纹盘

内壁被六等分成六个区域，其中三个间隔的区域上绘有横纲三段中的中段图案，其他三个区域绘有人气力士组合。

浪漫"的代表。

　　让世界陷入恐慌和泥沼的战争拉开了昭和时代的序幕，可以说在战争结束之前，昭和时代一直是个黑暗的时代。国家主张富国强兵，优先军需品的生产，生活必需品的生产被压缩，自由主义思想和学术也受到打压。

　　因此中日甲午战争到"二战"结束期间，出现了大量将日本传统吉祥图案同武器相结合的战争纹。但"二战"结束后，人们开始追求稳定，象征着一个时代的东京塔、动漫人物等也开始作为纹样登场。

　　随着对战争一无所知的新一代人的增加，和式纹样在吸收马蒂斯风格、毕加索风格等流行主题的同时，也表现着日本特有的审美意识。纹样逐渐发展成为如今平成时代的模样。

撑杆跳纹盘　　　　驻军　　　军队纹　　　飞机纹
　　　　　　　　　 儿童碗　　　儿童碗　　　儿童碗

同时绘有菊花、樱花、五　　　　幽默地描绘了占领日本的驻军们开吉普等景象。
环和撑杆跳的纹样。

30—32 页的图片转载自《皿多一郎コレクション　绘皿は語る》，并获得授权。

第二章

和式纹样的种类与形式

纹样与日本人的玩心

无论是谁，在遍览从古到今的各式纹样后，都一定会觉得"没有哪个民族比日本民族更喜欢起名字了"。

例如将由六角形组成的图案比作龟壳，取名**龟甲纹**。由龟甲纹重叠而成的纹样却不叫**双重龟甲纹**，而将其视为大龟背小龟，取名**亲子龟甲纹**。

而且令人更为惊叹的是，在英语中各种条纹图案统称**条纹**（stripe），但日本人民却会根据各种条纹给人的不同感觉为其定名。如，粗竖条纹并列而成的纹样看起来像牛蒡并排而立，故取名**牛蒡缟纹**；由中心向两边逐渐变粗的条纹看起来

◎ 梅波纹

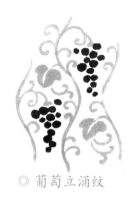

◎ 葡萄立涌纹

像瀑布倾泻而下，所以叫**双瀑缟纹**；若是粗线旁
边绘有细线，则看起来像"一对条纹母子"，所
以取名**亲子缟纹**。

　　而植物纹样大多会舍弃常用名，专用别称命
名。如蒲公英花与鼓相似，而鼓声能召唤神佛、
驱散邪灵，有吉祥之意，所以绘有蒲公英在纹样
中不叫蒲公英纹，而叫**鼓草纹**。

　　透过纹样名称去感受日本人的细腻心思，加
深对纹样的认识，不也是一桩趣事吗？

◎ 重叠雪轮纹

以植物为原型的纹样

　　日本是一个重视时节、珍爱四季的国度。以植物为原型来映衬和装点四季的纹样真是数不胜数。其中最具代表性的便是**樱纹**。这是因为樱花的花期早于农事，成为播种水稻的预示，被认为是神灵寄居之木。此外，虽然樱花在盛开之时甚至能将天空都映成绯红色，但一阵风过后便一齐凋零的果断、洁净与武士之魂不谋而合。

　　在日本，与樱花齐名甚至比樱花更为世人所熟知的便是梅花。现在人们所说的赏花是指赏樱花，但在《源氏物语》中所讲的那个时代，贵族们设宴观赏的却是梅花。虽然时值春季，但日本多地仍留有残雪。梅花傲雪怒放、芳香清幽，被尊为气节高尚之花。

樱川纹

绘有樱花浮于水面的景象，又名**樱流纹**，是颇具日本特色的纹样。

樱枫纹

由樱花和枫叶组合而成，春秋要素合二为一，可全年使用。

冰梅纹

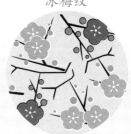

由冰片、冰裂①与梅花组合而成，象征着早春，流行于江户时代。

① 冰裂：由类似于冰裂纹的大小不规则的三角形等分而成。

　　并非只有樱花、梅花等花朵美丽的植物会被绘成纹样，严寒中依旧不落绿叶的松、竹等常青植物也会被绘成纹样。传说其不可思议的生命力中有着神的力量。当然了，会变色的枫叶等象征着季节变换的植物，也被设计成了纹样。

　　不过，从古至今延续下来的植物纹样多是对人类有用的植物。仔细调查便会发现，其中不少都是民间疗法中的草药，或是可食用植物。因此，各种植物纹样中也包含了人们自古以来对延年益寿、祛病免灾、五谷丰登的美好愿望。

戴雪竹纹

绘有竹叶戴雪的情景，是代表冬季的纹样之一。

笠松纹

将松树比作斗笠的纹样，其中多将松枝比作斗笠绳子。

带枝山茶纹

绘有带枝山茶花。不仅是山茶花，很多花木纹样都会使用这一表现手法。

以动物为原型的纹样

　　以动物为原型的纹样不仅包括现实中常见的动物，还包括虚拟动物——神兽，因此常会被认为是一种相对较新的意象，但其实动物纹样中也有不少传统造型。

　　日本各地考古发掘出的弥生时代吊钟型青铜铎上绘有鹤或鹭等鸟类图案。此外还可见到绘有蜥蜴、蝾螈、龟、鹿、蜻蜓、鱼等动物的图案。

　　选择这些动物作为纹样原型并非毫无依据。日本民间认为鹿角里住着五谷之神。而乌龟寿命长，所以人们会将龟骨、龟壳投入火中占卜。此外，人们认为鹤或鹭等鸟类与水稻的生长有关，所以它们和鹿一样都被视为五谷之神的使者。也就是说，人们觉得这些动物拥有神力，才选

立鹤纹

描绘了鹤（一说为鹭）的站立姿态，多见于铜铎图案中。

玄武纹

蛇龟合体，是守护东西南北的四神之一，源自古代中国的图案。

鹿秋草纹

鹿和秋草组合而成的图案。在中国，鹿被认为是神仙的座驾。

择将其绘成纹样。

　　此外，从世界各国传入的在日本国内难得一见的动物也被作为神兽绘成纹样。大象、长颈鹿、貘等虽然如今在动物园里已很常见，但在古代的日本却没人见过，因此它们同龙凤一样，都被当作虚构的动物。

　　此外，某些动物身上还寄托着人类希望模仿的属性。其中较为常见的有犬、兔、鼠、鱼类等繁殖较快的动物，还有雌雄关系和睦的鸳鸯、鹡鸰等，以及在日语中谐音、名字比较吉利的动物，如猫头鹰（福到、不受苦）、蛙（归来、买得起）等，都被绘成了纹样。

雉纹

绘有雉。由于雉富于母性、繁殖能力强，所以雉纹与子孙繁盛有关。

狐纹

绘有狐狸。狐狸被认为是稻荷大神的使者，因此又叫**初午纹**，象征五谷丰登。

蝶纹

绘有蝴蝶。蝴蝶的成长过程如咒术般神秘，象征着不死不灭。

以器具、交通工具为原型的纹样

　　我们身边的事物都有自己的名字与功用。而源自器具、交通工具的纹样则把各种物品的功用进一步放大、关联，将其与节日、庆典联系起来。器具是指器皿等工具类的总称。

　　其中，与佛教一同传入日本的**万宝纹**上画着宝珠、秤砣、如意小宝槌等。每一个纹样都代表着一个愿望，至今都被单独用于和服、腰带等。

　　"赛贝壳"是平安时代的一种雅玩，而"贝桶"则是用于装贝壳的收纳工具。由于贝桶两个为一组，而且曾被作为女子出嫁的嫁妆，所以被画成了纹样，象征着夫妇和谐。此外还有很多源于节日、庆典的纹样。

宝卷纹

绘有卷着圣洁经卷的卷轴（宝卷）。万宝纹中也绘有宝卷。

源氏车纹

绘有贵族牛车、车轮等。被视为《源氏物语》的象征。

贝桶纹

绘有贝桶，图案华丽，多绘于婚礼和服之上。

如香荷包源于端午节，彩纸、长方形诗笺、砚台盒、线桄子源于七夕等。

此外，出于对贵族生活的向往，人们还将喜爱的御帘、乐器、牛车等设计成纹样，以寄托荣华富贵的美好心愿。进入武家社会后，人们还将各种武具、马具绘成纹样，以祈求武运长久。

日本四周环海，以船、桥为原型的设计成为日本特有的纹样。船可以渡过茫茫大海、通往异国之地、连接未来，因此包含着很多吉祥预兆。在新年等喜庆场合经常可以看到载着七福神的船纹样。

诗笺纹

绘有诗笺。也有很多纹样会在诗笺中再画上纹样、和歌等，形成画中画。

团扇纹

绘有团扇。传说在中国，团扇被认为是神仙之物，通神力。

南蛮船纹

绘有来航的南蛮船。是伊万里烧等彩绘陶瓷器的常用图案。

以自然风景为原型的纹样

　　以将和服上的纹样连为一体的绘羽纹样为开端，砚台盒上的莳绘等也都开始描绘名胜古迹、山川湖海等自然风光。

　　其中，最常见的要数富士山了。这是因为日本自古盛行自然崇拜，视山为神圣的，认为山是神灵或祖先的灵魂居住的地方，遂一直将其作为崇拜对象。以山本身、山上的大树、巨石、瀑布等作为信仰母体的山岳信仰盛行，而富士山不仅是日本第一高山，山名也与"不死"相通[①]，因此有很多以富士山为原型的纹样。

　　即便在现代，"高山日出"依旧包含着众多吉祥兆头，因此风景纹样

远山纹

绘有远眺群山的景象，其特点在于采用了远近结合的表现手法。

沙洲纹

绘有河流冲击而成的沙洲。也有说法认为该纹样暗指中国的蓬莱山。

山水纹

由山、水两大自然要素组合而成的纹样。以中国神话系统为基础。

---

① 在日语中"富士"和"不死"都读作"FUJI"。

穿在身上的祝福：和式纹样的爱与美

中也有很多加入日出元素的。之所以加入日出，不仅是想以太阳为突出点来衬托纹样之美，更重要的原因在于太阳神的伟大神力承载着人们开运招福、消灾除难的美好愿望。

出人意料的是，风景纹样中还有以众多高耸的楼阁为图案的。崇拜自然的道教认为：楼阁是人神合一、接近天境、脱离现世的地方，代表着人们祈求神佛庇佑的心愿。

此外，江户时期的狭袖便衣上还能见到将和歌中咏叹的风景绘成图案的纹样。当时的武家妇女们爱好和歌，她们将临摹和歌纹样中的风景作为日常消遣。

京名所纹

绘有古都京都的名胜古迹。由于绘有众多神社寺院，所以包含着开运的寓意。

楼阁山水纹

由楼阁、山等图案组合而成的纹样。是冲绳传统红型纸版印染纹样的代表图案。

龙田川纹

描绘了在原业平（825—880）的和歌中出现的龙田川（奈良县）周边的秋景。

以圆、三角形为基础的纹样

　　和式纹样的形状也有不同含义，其中最常见的就是以圆或轮为基础的图案。在和式纹样世界里，大圆叫作"丸"，被视为凝缩的宇宙的象征，是掌握和统一万物的根本。因此大多数圆形纹样都有圆满之意，包含着人们祈求和平的心愿。

　　小圆和点则因其形状不同被叫作"芥子""锥""星""玉"等，以示区别。其中还有一些纹样被视为"事物的起点或终点"。这大概是因为点可以连成线，而线又能围成面，从而演变出各种图形的缘故吧。

　　此外，中空的圆形叫作"轮""蛇目"。由两个轮组成的图案叫"双

鹦鹉丸纹

圆形鹦鹉图案，可用于公家的公主服饰之上。

松丸纹

松纹的一种，圆形松叶图案。在松的吉祥寓意之上加入了圆满之意。

凤凰圆纹

将凤凰绘于完整的圆形之中，通常会同时绘有雄雌凤凰。

轮交错"，由三个轮组成的图案叫作"三轮"，由多轮组成的图案则叫作"连轮"。

两点成线，三点成面，于是便有了三角形。可能是出于这一原因，三角形在纹样中一般很少单独使用，多为连续出现。在和式纹样世界里，排成一排的三角形叫作**山形纹**，而数个三角形堆积而成的图案就是**鳞纹**了。纹样中只有三角形时，会在命名时加上"鳞"字，如"单鳞""双鳞"。日本社会从古代起就将三角形视为拥有咒术的神秘图案，所以三角形也被用作消灾除魔的图案中。

七曜纹

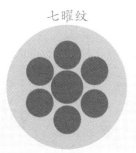

鹿子纹

带图鳞纹

一种源于"妙见信仰"①的纹样。绘有七个圆，代表北斗七星。

一种由点组成的纹样，因形似鹿背上的斑点而得名。

在以三角形为基础的鳞纹之中加入各种图案而成的纹样。

① 妙见信仰: 星辰信仰的一种，崇尚日月星，认为它们拥有神秘之力。妙见信仰是一种关于北极星与北斗七星的信仰。

以四边形、多边形为基础的纹样

和式纹样世界中称四边形为"角""色纸",称长方形为"短册"。由四边形重合而成的图案根据重叠四边形的大小不同,分别称为"目结""起钉器""虎头钳"等。其中,起钉器、虎头钳因运用了杠杆原理而使得力气倍增,因而被认为含有尚武(重视武艺、英勇)之意,备受武将喜爱。

将四边形的角分布在上下左右形成的菱形叫作"菱"。据说该形状因与水生植物菱角的叶子、果实形状相似而得名。菱角的繁殖能力强且果实可入药,所以代表着子孙繁荣、无病无灾之意。此外,根据不同的分布、排列方式,四边形又被区分为"角通""角行仪""石叠(市松)""霰",

起钉纹

大正方形中叠加小正方形而成的图案。得名于起钉器垫片。

三升纹

将三个仿照升斗形状的四边形重叠而成的图案。因此与"有起色、见长"相通。①

色纸纹

绘有色纸。也有一些纹样在色纸中也画上图案,形成画中画。

① 在日语中,"三枡"和表示见长、有起色的"見ます"读音相同。

穿在身上的祝福:和式纹样的爱与美

它们各有各的含意。

　　若是为四边形增加新的顶点，其角就会相应增加，成为更为柔和、平滑的面。人们认为多点相连构成多边形这一点与财富相关，所以多边形是象征荣华富贵的吉祥图案。和式纹样世界中，为多边形命名时都会加上一个"陵"字，如五边形叫"五陵"，六边形叫"六陵"或"龟甲"，七边形叫"七陵"。

　　另外，诞生于中国的道教思想认为：偶数代表太阳、女性、左、繁荣；奇数代表北极星、男性、右、权利。漂洋过海传入日本的纹样中也有很多基于这一思想的纹样。

四花菱纹	五陵纹	亲子龟甲纹

由四个用花组成的菱形构成的图案。常见于歌舞伎演员家纹。	五边形纹样。大多会在中心绘上各种图案，与五边形一起构成整个纹样。	**龟甲纹**的一种，是将形状相同、大小不同的龟甲纹套在一起重叠组合成的图案。

以条纹、格子为基础的纹样

　　和式纹样中最古老的图案就是用直线构成的图案。日本古代称竖条纹为"筋"，横条纹为"段"，以示区别。这种现象在织物中尤为常见。但随着时代的变迁，人们逐渐将横竖条纹统称为"缟"（条纹）。

　　不同宽窄、排列的条纹纹样代表着不同事物，也因此产生了众多纹样。例如，能让人感觉到鲣鱼腹部到背部不同色彩变化的条纹叫作**鲣缟纹**，看起来像牛蒡并排而立的条纹叫作**牛蒡缟纹**，像缓缓波浪的曲线条纹则叫作**波缟纹**。江户时代的文化·文政年间，人们单纯觉得竖条纹是一种古雅纯粹的纹样，各种竖条纹便风靡一时，连浮世绘中

鲣缟纹

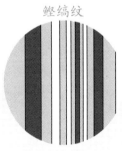

绘有鲣鱼背部条纹。多由青色系颜色由深及浅渐变构成。

牛蒡缟纹

看起来像牛蒡并排而立的条纹，又名"棒缟"。是一种粗竖条纹。

双瀑缟纹

条纹由中心向两边逐渐变粗，神似瀑布。

都有记载。

在织物世界中，人们将横竖纹样直角相交组成的图案叫作"格子"。与条纹纹样相同，格子也可以通过变换横竖条纹的粗细、根数而衍生出种类众多、名字各不相同的纹样。

细格子代表典雅古朴，粗格子代表大胆与气魄。同条纹一样，格子在江户时代也备受瞩目。纹如其名，由超过一厘米宽的粗线交错而成的**弁庆格子纹**在歌舞伎中就常被用于弁庆的服饰之中。

波缟纹 弁庆格子纹 翁格子纹

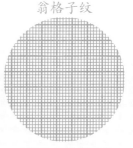

平缓的波浪竖条纹营造出一种迷离之感。由该波纹交叉而成的纹样叫作**波格子纹**。

粗格子花纹。略细一点的格子叫作**小弁庆格子纹**。

大格子之中再绘满细小格子，寓意着子孙繁荣。

种类与形状的变化

　　将基础素材图案加以变形、组合，就能产生多种多样的和式纹样。每一个纹样都有自己的名字，并且根据纹样的构成、加工、布局、排列、组合不同而不同。此外，纹样的名字中还会加上"连""结""万"等独特的前缀或后缀。

　　此外，还有不少在基础纹样中进一步加入其他图案的纹样。其中，以圆形为基本图案的纹样名字末尾会加一个"丸"字，如将花绘成圆形的纹样叫作**花丸纹**，若是此花带有藤蔓，便叫**藤丸纹**，其中包含了人们祈求圆满的心愿。可能是出于这一原因，平安时代贵族和镰仓时代公家

藤丸纹

将藤蔓融入圆中而成的图案。

花丸纹

将花收入圆中而成的图案。

丸

将素材变形并完好融入圆形之中而成的图案。多用于动植物纹样，象征圆满。

和式纹样的种类与形式

的装束上的有职纹样以及家纹中的很多纹样都是**丸纹**。

　　此外，在平安贵族们的宴席间流行着一种"竞物"游戏——每个人都带一件同类物品来赴宴，并在宴席间比较各自旨趣高低。王朝文化的象征之一是数量多，人们认为数量多与荣华富贵相关，越多越可喜。因此，绘有众多图案素材的纹样会在名字中加一个"万"字。代表性的纹样有**万宝纹**、**万扇纹**、**万乐器纹**。

　　在欣赏和式纹样时，若能通过纹样名推断出图案素材的设计和处理方式，对纹样的理解也会进一步加深。下面将为您详细介绍。

万菊纹

集各种菊花于一体的图案。寄托着人们延年益寿、荣华富贵的愿望。

万乐器纹

集众乐器于一体的纹样。不仅象征着技艺精进，还象征着荣华富贵。

集众多同类素材于一体的图案。给人以华丽印象。此外，由于集大量同类物品图案于一身而被视为吉祥纹样。

流水梅枫纹

绘有梅花、枫叶浮于水面的景象，四季均可以使用。

绘有物体漂于水面的景象，又名**流水纹**。纹样整体富有动感、情调，是日本人喜爱的图案之一。

流

扇流纹

描绘了扇子浮于水面的景象。扇子漂流于大河之上被公认是荣华富贵的象征。

绘有花、叶等被风吹落、散于地面的景象。是一种颇具日式风情的纹样，多用画面整体表现氛围。

散

松叶散纹

绘有松叶散落之姿，又名**铺地松针纹**。

樱散纹

绘有樱花散于地面的景象，含有未来永久之意。

穿在身上的祝福：和式纹样的爱与美

和式纹样的种类与形式历史中的和式纹样

龟甲连纹

由多个龟甲形上下左右紧密相连而成，是一种含有无限拓展之意的吉祥纹样。

连

由相同纹样不断连接、重复而成。多由三个或三个以上相同纹样连接而成，含有向四面八方拓展之意。

秤砣连纹

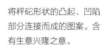

将秤砣形状的凸起、凹陷部分连接而成的图案。含有生意兴隆之意。

相向

将相同图案相向排列的纹样。多见于动物纹、鸟纹之中。尚未见于植物、器物纹样。横向看时则称为『相对』。

相向凤凰纹

绘有相向而立的凤和凰。由于凤凰为成对生活的鸟类，所以寓意夫妻圆满。

相向蝶纹

绘有相向而立的两只蝴蝶。如果图案是圆形的则称相向蝶丸纹。

捻梅纹

梅花和绞花元素复合而成
的图案。

捻菊纹

菊花和绞花元素复合而成
的图案。

捻

在素材中加入绞花元素而成。再常见的素材，只要加入绞花元素，就会令人耳目一新。代表纹样有**捻菊纹、捻梅纹**等。

乱

在不破坏素材本身结构的基础上，加入不规则变换而成的图案。是表现花等意象的常用手法。代表纹样有**乱菊纹**等。

乱鲛纹

用小碎点表现鲛鱼皮的图案。碎点整齐排列的称为**行仪鲛纹**，碎点不规则排列的则称为**乱鲛纹**。

乱菊纹

绘有凌乱不规则的菊花花瓣。①

① 在日语中，乱菊纹有"乱れ菊文"（みだれきくもん）和"乱菊文"（らんぎくもん）两种叫法。

穿在身上的祝福：和式纹样的爱与美

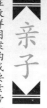

親子

在纹样图案构成要素旁加入同类的细碎图案。较为有名的有亲子龟甲纹、亲子缟纹等。

亲子缟纹

在宽竖条纹一侧加入细条纹而成的图案。

亲子龟甲纹

由粗线龟甲纹和细线龟甲纹共同构成的纹样。

波

采用经向波纹织法织成的波状纹样。比直线、曲线更柔和，更具幽默之感。代表性纹样有波缟纹、波桧垣纹、波藤纹等。

波缟纹

用经向波纹织法表现波状竖条纹曲线的纹样。

波桧垣纹

将绘有桧木篱笆的桧垣经过波状处理而成的纹样。

霞取纹

将画面整体看作一个景观，在此基础上通过加入某一种形状以达到分割效果的纹样。多用云、霞、沙洲海滨、扇面、彩色纸笺等形状作为分割。

取

利用霞这一实际上没有固定形状的元素进行分割的纹样。该纹样多用于腰带。

云取纹

以云的形状作为分割手法的纹样。多用于室町时代的画卷或《洛中洛外图》。例图是源氏画卷中常见的**源氏云纹**。

将纹样相向而绘，并将纹样局部交错、相接而成的图案。代表性的纹样有**抱茗荷纹**、**抱枫纹**等。

抱

抱茗荷纹

由茗荷科植物茗荷花相抱而成的图案。由于日语中"茗荷"读音与佛教用语"冥加"相同，所以被公认为具有获得神佛庇佑之意。

抱枫纹

由枫叶相抱而成的图案。将类似枫叶形状的图案做成相抱图案需要略改变其纵向的长度。

穿在身上的祝福：和式纹样的爱与美

和服与纹样

和服的历史

和式纹样在和服上大放异彩，很多图案一直流传至今。下面就让我们一起翻阅一下和服的历史吧。

和服的雏形是筒状的布。进入奈良时代后期，女性披起了宽松长袖罩衫。这被公认为现代和服的雏形。

到了平安时代，这种罩衫逐渐演化成了近似于现代和服的形状。贵族女性身穿有数层衣领的"十二单"，平民则穿朴素和服、束细腰带。

进入武家社会，由于人们更看重着装是否便于行动，便产生了设计有小尺寸袖子的"小袖"（狭袖便服）。腰带也演变为将细长腰带扎在前面的形式。

至安土·桃山时代，小袖的整体样式未变，但人们开始在小袖上施以美丽纹样以使其更加华丽。除贵族、武家之外，商人、町民等也穿起了华美小袖。到了江户时代，掌握了权力的町民不仅对小袖、腰带等的材料、纹样非常考究，甚至连腰带系法、和服穿法以及发型都很讲究，这奠定了现代和服的基础。

明治时期日本引进洋装，人们的穿衣方式也很快以洋装为主。最终，和服被以两种形式保留了下来：一种是重要仪式上不可或缺的特殊豪华装饰，一种是可以简单穿着的浴衣①。现代社会中，和服早已成为反映日本人内心世界的重要装饰瑰宝。

和服纹基础知识

和服纹是指绘在正装和服上的纹样，又叫"纹章""家纹"。没有家纹的和服不能用作正装。虽然各种和服纹都是以家纹为原型设计而成的，但在表现手法、采用数量上都有各自的定例。

⊙家纹的种类

最正式的和服纹样为拔白印花家纹。这是一种将糨糊、蜡等涂在布料上，将花纹拔染成白色的纹样。简化和服中则有通过刺绣来表现的绣纹，此外还有用笔写成的写纹、用花草装饰家纹的加贺纹，将纹样局部做成看上去像是由下而上窥视效果的窥视纹（装饰纹）等。

拔白印花家纹又分为将花纹部分染白的向阳纹（阳纹）、将家纹轮廓染白的阴纹，以及中阴纹。中阴纹的染白线条比阴文粗，是向阳纹和阴纹的结合。

⊙家纹的位置

家纹分为位于背部的背纹、位于前胸的抱纹，以及位于两袖的袖纹。背纹位于后背接缝上部，距后衣领约5.5厘米处。抱纹位于前身中心线上，距肩线中心位置约15厘米处。袖纹位于袖线（袖子上端）中心下方约7.5

① 本书中出现的浴衣专指一种较为轻便、简易的夏季和服，详见本书160页。

厘米处。

⊙家纹的数量

家纹按数量分为五纹、三纹、一纹三种。同种家纹，数量越多则和服的级别越高。家纹为圆形，其尺寸标准为：女性和服的家纹直径为五分五厘（约 2 厘米），男性和服的家纹直径为一寸（约 3.8 厘米）。

正式礼装（formal）和服基本为五纹，即一个背纹、两外袖（后袖）各一个袖纹、前胸左右各一个抱纹，且五个家纹都为拔白印花向阳纹。

标准礼装（semiformal）和服则采用三纹，可从拔白印花的向阳纹、阴纹，以及中阴纹中任选一种。

简化礼装和服则采用一纹，位于背部。由于是简化和服，除拔白印花纹之外，还可以用绣纹、窥视纹等多种技法和表现手法。

和服的等级与纹样

和服种类众多。日本有着根据不同节日活动及冠婚葬祭等不同场合着不同和服的传统。现在的和服正是依据这些传统改良而成的。因此，根据出席场合的不同，和服也有正装和便服的等级之分。

一般来说，染制布料的和服比纺织布料的和服更高级。而腰带则恰好相反，纺织腰带比染制腰带更高级。

⊙礼装

礼装和服分为在喜庆的"庆事"中穿着和在不吉利的"丧事"中穿着两大类，其中每一大类又分为正式礼装、标准礼装、简化礼装。

正式礼装和服有黑留袖、本振袖、丧服等。正式礼装是规格最高的礼装，基本都配有拔白印花向阳五纹。

标准礼装和服包括振袖、色留袖、访问服、付下、色无地，配有拔白印花向阳三纹或一纹。可在参加朋友婚礼、婚宴、茶会、聚会时穿着。

⊙简化礼装

简化礼装和服包括付下、色无地、江户小纹。配有一纹，不仅可使用拔白印花向阳纹，还可使用阴纹、绣纹等多种家纹。由于是简化礼装，因此也包括不含家纹的访问服、付下、色无地等。

此外，付下、色无地、江户小纹、丧服无论是已婚女性（Mrs.）还是未婚女性（Miss）均可穿着。

另外还有一点必须牢记，那就是和服与西装不同，不能因为其价格昂贵就用作聚会等的正装，必须要考虑到和服的规格。要时刻谨记这是和服装束的既成约定，也是出于对同席者的关怀。

尽管羊毛、丝绸的和服或浴衣价格不菲，但仍属于日常和服，应该避免在正式场合穿着。

丧服
【正式礼装】

丧服为纯黑色，配有拔白印花向阳五纹。但近来人们认为这一穿法有『双重不幸』之意，很多人都不再着白色衬袍。丧服一般除长衬衣、衬领之外都是黑色，但在不同地域也有差异。

本振袖
【正式礼装】

本振袖是未婚女性（Miss）出席喜庆场合时穿的和服，绘有在接缝处图案也不会断开的绘羽纹，袖长至脚踝处。本振袖原本还分为纯黑的黑振袖和非黑色的色振袖，以印染向阳五纹，叠穿衬袍为正式。

黑留袖
【正式礼装】

黑留袖是已婚女性（Mrs.）出席喜庆场合时穿的和服。和服下摆绘有纹样，又叫『江户褄』。一般都配有拔白印花向阳五纹，并需穿着衬袍。

衬袍：在和服下边穿一层与该和服形状相同的和服。最近则省略衬袍以改缝制暗门襟为主流。缝制暗门襟是一种把和服的领口、袖口、振袖、下摆位置做成双层，以便看起来像两件叠穿的做法。

访问服

【标准礼装】

访问服绘有绘羽纹，是仅次于留袖、振袖的高级标准礼装。访问服无已婚与未婚之别，婚礼、颁奖仪式、聚会、茶会、相亲等多种场合均可穿着。标准礼装级别的访问服需配有三纹或一纹。

色留袖

【标准礼装】

色留袖是指布料不是黑色的留袖，下摆处绘有纹样，用色朴实，给人以稳重之感。无需穿衬袍或缝制暗门襟。因属于标准礼装，故需配有三纹或一纹。

配有拔白印花向阳五纹并着衬袍或缝制暗门襟的色留袖与黑留袖属同等规格，被视为正式礼装和服，是已婚女性（Mrs.）礼装的最高规格。

振袖

【标准礼装】

与正式礼装不同，标准礼装振袖无需穿衬袍或缝制暗门襟，需根据振袖氛围加入一纹，但近来也有不重视是否有家纹而直接省略一纹的情况。振袖根据袖长不同分为大振袖、中振袖、小振袖。

江户小纹

【标准礼装、简化礼装】

小纹是指将细碎图案排列成图样的纹样。其中，作为传统工艺品的江户小纹更是因颜色、花样不同而分为不同规格。在江户小纹和服中加入一纹便是简化礼装。冷色系江户小纹和色无地一样，也可用作半丧服。

色无地

【标准礼装、简化礼装】

色无地的规格因所配家纹数量和腰带的不同而不同。用作标准礼装时为细底纹图案，配有三纹；用作简化礼装时通常配有一纹。冷色系色无地可作半丧服用，喜事丧事均可穿着。

付下

【标准礼装、简化礼装】

付下是指所绘纹样都以朝向肩线方向为上的和服。有的付下和服会加入一纹。

莳绘

　　莳绘是一种用树胶和金属粉表现纹样的技法。该工艺源于中国大陆，但传入日本后获得了独特发展，多见于漆器。从欧美诸国将瓷器称为"china"，将漆器称为"japan"也可见漆器是一种颇具日本特色的工艺品。

　　莳绘技法中，用金银装饰漆黑底色的华丽工艺征服了桃山时代赴日的欧洲人，被视为一种珍贵的奢侈品。

　　其中，玛丽·安托瓦内特等法国贵族争相购买莳绘以装饰宫殿之事更是为世人所熟知。

第三章

源于古老祈求的纹样

象征五谷丰登的纹样

五谷是指人类食用的五种主要谷物。虽然五谷的具体所指会因时代、地域的不同而有所不同，但通常是指米、麦、粟、黍、豆五种谷物。"五谷丰登"是祈求谷物丰收的词语。因此五谷在祭祀祝词中通常被读作"五つの穀"或"五種の穀物"，是人类向神佛祈祷时的代表性愿望。

不论什么时代，农作物的收成都会受大自然制约，因此人们会寄希望于雷、雨、雪以及谷神寄居之木——樱树的庇佑并将它们绘成纹样，保留至今。

葵纹

葵为生于山林的多年生草本植物。**葵纹**绘有在每条根茎前端都长有两片心形尖头叶子的双叶葵。下鸭神社（京都府）葵祭中的牛车（御所车）、祭祀者的衣冠、牛马都饰有葵纹，以祈求五谷丰登。但也有说法认为葵纹所绘图案为木槿、芙蓉等锦葵科植物。

其他象征：立身处世
备注：是贺茂神社（京都府）神纹，以及德川家家纹。

稻纹

绘有稻与稻穗。日本自古就是以米为主食的国家。因此稻一直被尊为供奉神佛之物。时至今日日本人还会用刚收割的稻秆做新年注连绳（祭神或新年时挂的稻草绳），可见稻与神佛有着剪不断的缘分。**稻纹**多被用作神纹并装饰在神社神殿、鸟居、仓库上。

其他象征：生意兴隆、子孙繁盛
备注：伏见稻荷大社（京都府）的神纹为稻束图案。

樱纹

绘有樱花这一在日本最受欢迎的花木。日本各地有"历樱""苗代樱"（苗代即秧田之意，人们以当地樱树的开花为物侯，来决定播撒秧苗的时间）。人们认为樱花树中栖有稻神，因此根据樱树开花情况占卜当年吉凶。绘有樱花的纹样众多，**樱纹**被广泛运用于衣物、家具、武具、莳绘等。出于对樱花瞬间凋零的惋惜之情，还有很多描绘樱花散落之景或是花瓣浮于水面之景的纹样。

其他象征：祈求丰收、未来长久、富贵繁荣
备注：樱纹为浅间神社神纹，该神社供有木花咲耶姬。

雪纹

绘有雪的纹样的总称。人们认为雪是来自上天的书信，是丰收之兆，所以雪象征着丰收。其中，绘有雪花结晶的纹样叫作**雪轮纹**、**雪华纹**，为世人所熟知。另外，描绘积雪之景的纹样叫作**戴雪纹**。雪纹能在酷暑中给人以清凉之感，此含意广为人知。

其他象征：立身处世、祈求经济繁荣

雷电纹

绘有闪电、雷等图案，又叫**雷纹**。由于闪电多出现在水稻开花时节，因此被认为与水稻收成有关，象征着五谷丰登。多采用弯曲直线、四边形多层重叠等表现手法，自古以来就被用在陶器、漆器、金属工艺品、木雕、建筑等领域。

其他象征：神佛加护、除灾消难
备注：日语中"稻妻"（雷电之意）为秋季季节用语，"雷"为夏季季节用语。

雨纹

描绘降雨情形的纹样。如果田间没有降雨，那么农作物便无法结果，因此人们公认**雨纹**有求雨之意。雨纹单独出现的情况较少，多与蛙、燕、柳等动植物共同出现。

其他象征：求雨

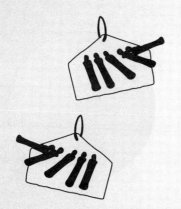

鸣子纹

绘有鸣子的纹样。如今鸣子多为两个一组组合使用，作为"夜来鸣子舞"的必需品而被人熟知。鸣子原本是吊在田间地头的驱鸟农具，所以同稻穗一样，都包含着人们祈求丰收的愿望。由于鸣子舞（一种日本传统舞蹈）旨在复兴经济、激发地方活力，所以**鸣子纹**也与荣华富贵有关。

其他象征：荣华富贵、技艺精进

稻草包纹

绘有稻草包。自古以来装满稻米的稻草包都是富贵的象征，代表五谷丰登之意。此外，相扑的土台场地也是用装满土的稻草包围成的。如今相扑作为武道之一深受日本国民喜爱，但它曾经却是祈求五谷丰登、渔猎丰收的传统神事和占卜仪式。作为吉祥的象征，土台、相扑力士也会被绘成纹样。

其他象征：子孙繁盛、天下太平、祈求必胜
备注：羽咋神社（石川县）等日本各地神社都设有土台，至今仍举行祭祀相扑。

雨龙纹

龙纹的一种，绘有可以升天降雨的雨龙。龙和凤凰都是中国传说中的动物，由于龙的形态会因生长阶段和栖息场所的不同而变化，所以名称众多，龙纹也会因此有差别。

其他象征：求雨、出人头地、开运招福

象征神佛加护的纹样

正如日语中的一句俗话"有事求佛"说的那样，很多和式纹样都包含着祈求神佛加护之意。这些纹样的创作初衷一定都是希望得到神佛的保佑吧。佛教中有"众生"一词，指的是这世上有生命的万物。祈求神佛保佑众生的愿望叫作"神佛加护"。因此，释迦三尊、不动三尊、五大明王、弁才天、药师如来等佛像，以及神佛化身、神使动物、神兽、梵字等都是神佛加护的典型意象。

槲纹

绘有槲叶。槲叶就是我们熟悉的槲叶粘糕外边包着的叶子。人们认为槲叶是御食津神（食神）的栖身之处，自古就将其用作珍贵的食物器具。此外，由于槲树抽新芽之后旧叶才会凋零，所以还象征着子孙繁盛。多用作浴衣纹样、神纹。

其他象征：五谷丰登、子孙繁盛
备注：槲纹为西宫惠比须神社（兵库县）等神社的神纹。

鹿纹

绘有鹿、鹿角等的纹样。由于鹿角的生长与水稻生长相似，所以从原始时代起，鹿就被视为谷神、谷灵的栖身之地，很多铜铎上都绘有该意象。《日本书纪》中也记载了日本自古就很珍视鹿。直到今天，日本各地神社，如熊川诹访神社（福岛县）仍将"鹿舞"作为祭祀之舞。

其他象征：五谷丰登、消灾除难、疾病痊愈
备注：鹿角是日本公认的长生不老灵药。

象纹

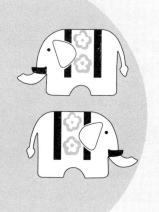

绘有大象。据说大象曾被作为献给足利义满（1358—1408，室町幕府第三任将军）的贡品而首次传入日本，由南洋船只运送到现在的小浜市（福井县）入港。但早在镰仓初期的故事集《宇治拾遗物语》中，大象就被以"岐佐"这一古称加以记载。义源院（京都府）杉板门上绘有出自俵屋宗达（？—约1640）之手的大象图，有告慰德川家臣、引导其进入极乐世界之意。

其他象征：开运招财、荣华富贵、极乐净土
备注：佛教中，大象多被描绘为普贤菩萨的灵兽坐骑。

鸦纹

鸦纹中的乌鸦不是普通乌鸦，而是出现在中国神话中的三足乌鸦。日本纹样中描绘的是"八咫鸦"，八咫鸦被公认是神灵下凡的使者或预兆。此外，《日本书纪》《古事记》中也对其有过记载。八咫鸦神社（奈良县）等神社都供奉有八咫鸦，并将其作为神纹。

其他象征：交通安全、开运招福
备注：八咫鸦是日本足球协会的会徽。

鸽纹

绘有鸽子。鸽子作为服侍八幡神之鸟而闻名。八幡神（八幡大菩萨）是只有日本才信奉的独特神明。日本全国供奉八幡神的神社大大小小共有十一万多家。很多神社都将相向鸽纹作为神纹。相向鸽纹描绘的是两只相向而飞的鸽子，象征八幡神的"八"字。

其他象征：武运长久、疾病痊愈
备注：全日本有众多名字中带"鸽"字的八幡神社，如鸽八幡神社（香川县）等。

鹤纹

绘有鹤。鹤又称"田鹤"，日本自古就将其视为神的使者、七福神"寿老人"的坐骑。俗话说"千年鹤，万年龟"，鹤是著名的象征长寿之鸟。很多物品都以鹤为意象，鹤纹广泛用于喜庆和服、绘画、莳绘、陶器、瓷器等上面。

其他象征：延年益寿、百战百胜

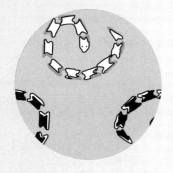

蛇纹

绘有蛇。由于蛇身体细长、生命力强、有毒，且具有捕鼠去鼠害、历经多次脱皮成长蜕变等习性，所以成为丰收、多产、永恒的生命力的象征，世界多地的人们都视其为神的使者。在日本，蛇纹是一种古老纹样，自绳文时代起就被描绘在铜铎、陶器之上。

其他象征：五谷丰登、子孙繁盛、无病无灾、后福绵长
备注：至今人们都认为蛇蜕掉的皮有聚金之力。

凤凰纹

绘有百鸟之王凤凰这一虚构动物。古代中国将凤凰、麒麟、龟、龙并称为"四瑞"，寓意祥瑞。人们认为凤凰栖息于梧桐林之中，食竹米，凤凰一鸣出明君，便将其与梧桐组合，产生了著名的**梧桐凤凰纹**、**梧竹凤凰纹**等。

其他象征：夫妻圆满、护国报恩
备注：法隆寺（奈良县）的玉虫厨子上就绘有仙人乘凤图。

龙纹

绘有龙。"龙"是最古老的汉字——甲骨文中也有"龙"字，可见龙是出自中国古老神话中的神秘灵兽。传说龙栖息于水中或陆地，其嘶鸣声可呼唤雷雨云、暴风雨，其身还可化作龙卷风自由翔翔天际。此外，龙还和人们的自然信仰有关，所以人们创造出了很多著名的龙纹。

其他象征：消灾除难、家运兴旺、出人头地
备注：相国寺（京都府）、日光东照宫的药师堂（栃木县）、妙见寺（长野县）的"鸣龙"颇为有名。

狮子纹

绘有狮子。关于狮子的起源和由来众说纷纭。有说法认为狮子、狮子犬（高丽犬）、唐狮子、狮子吻兽都是指同一种动物。总之，不只日本，还有很多国家将狮子视为神兽。人们在创作**狮子纹**时饱含了各种寄托。舞狮子这一传统表演在日本也很有名。

其他象征：消灾除难、驱邪、阖家平安
备注：冲绳县称狮子为狮子吻兽，认为狮子可以驱邪。

麒麟纹

绘有传说中的神兽麒麟。很多情况下纹样中的麒麟不是指动物园里常见的长颈鹿（日语中长颈鹿的汉字也写作"麒麟"），而是指一种长有狼头、鹿体、马腿、牛尾、头上有一只角的虚构动物。此外，由于麒麟中雄性为麒，雌性为麟，所以**麒麟纹**还象征着男女结合，常见于婚礼。

其他象征：开运招福、祈求良缘、出人头地、护国报恩
备注：前途光明的青年也被称为"麒麟儿"。

不动尊纹

绘有大日如来的化身——不动明王，多为背负火焰背光、身配弓箭的严肃姿态。常见于男性用和服腰带和羽织内里。顺便补充一句：不动尊是不动明王的尊称。

其他象征：阖家平安、心想事成、生意兴隆、开运除灾
备注：参拜不动尊曾是一种活跃于江户时代的庶民信仰。

七福神纹

绘有七福神。日本视七福神为招福之神并广泛信仰。日本各地至今都有七福神札所。七福神具体指惠比须、大黑天、毗沙门天、弁才（财）天、福禄寿、寿老人、布袋七神。人们认为新年在枕下压《七福神乘宝船图》就能梦到好梦，所以**七福神纹**多与宝船搭配出现。

其他象征：开运招福、延年益寿、技艺精进
备注：中国神话中有与七福神类似的八仙（八福神）。

福禄寿纹

绘有福禄寿。福禄寿是日本七福神之一，与中国神话中的南极仙翁被视为同一人。在日本，不仅有单独的福禄寿纹，为了更加吉祥，人们还经常在**福禄寿纹**中搭配松竹梅、鹤、龟等。此外，由于"福""禄""寿"三个汉字都为喜庆之意，所以有时人们又用这三个字来代替福禄寿的具体图案绘成纹样。

工字连纹

由汉字"工"连续排列而成的图案，多用作底纹。但其实铜铎上也绘有"工"字，"工"字被公认是一种带有咒术的图案。中国的巫女形陶人、陶器上也绘有"工"字交叉而成的类"十"字形图案。

其他象征：五谷丰登、除灾免难
备注："巫""左"等汉字中均有"工"字。

象征武运长久的纹样

战乱年代，武士、士兵等将自己的性命都赌在战斗中，他们的愿望就是在战斗中能武运长久，直到有一天一统天下，过上美好、富贵的生活。因此将武器、马具等各种装备说成是守护武士、士兵的护身符一点都不为过。他们将这些武器视为饱含着爱与生命的纹样（装饰品）随身携带。此外，尽管战地环境艰苦，容不得片刻喘息，但人们仍希望能从欢笑中寻求救赎，便将各种双关语、动物习性等都描绘在了纹样之中。

泽泻纹

绘有长于沼泽、池塘的多年生草本植物泽泻。由于叶片表面隆起，所以又写作"面高"。由于泽泻叶片的形状与箭头、盾相似，所以**泽泻纹**深受武家喜欢。另外，泽泻别名"胜草"，有吉祥之意，所以日本至今保留下来了很多以泽泻为图案的家纹。

其他象征：立身处世

栗纹

绘有象征秋季味道的栗子。栗子拥有果实、具刺壳斗、叶子、花等众多特征，是备受瞩目的绘画题材，被画成各式纹样。由于自古代流传至今的"捣栗子"（用臼捣晒干的栗子，以去除其壳和内皮）的"捣"字与胜利的"胜"字日语读音相同，所以武家又将栗纹称为**胜军利纹**，以代表胜负运势。此外，栗纹也被用作家纹。

其他象征：祈求（考试）合格、胜利

备注：捣栗子、胜军利日语原文都读作"**かちぐり**"，所以**胜军利纹**中有"栗纹"谐音。

葫芦纹

绘有葫芦。丰臣秀吉任长浜城主时，曾将子孙葫芦挂在腰间充当大战胜利的标志，后来每打一次胜仗就加一个葫芦，最终夺得天下。从此葫芦就成了武运的象征。由于葫芦是空心的，所以人们认为神灵居于其中，再加上葫芦多籽，便被赋予了多子多福的好兆头。

其他象征：神佛加护、子孙繁盛

菖蒲纹

绘有天南星科多年生草本植物菖蒲。日语中菖蒲与"胜负""尚武"的读音相同，所以武家将其视为招来武运的吉祥纹样。由于菖蒲还有很强的解毒功效，便被赋予驱邪之意，日本端午节至今都保留了洗菖蒲浴的习俗。此外，为取吉祥之意，**菖蒲纹**还经常与胜虫（蜻蜓）搭配。

其他象征：祛邪、消灾、除病

备注：日语中鸢尾花的汉字也写作"菖蒲"。

松鼠纹

绘有松鼠。人们认为松鼠敏捷的行动力和强有力的牙齿与武士的强悍相通。由于日语中"葡萄""松鼠"与"严于武道"谐音，所以**葡萄松鼠纹**深受武家社会喜爱。此外，松鼠纹还象征着多产，多绘于器皿之上。作为颇具日本特色的纹样之一，松鼠纹在国外也很受欢迎。

其他象征：子孙繁荣

备注："葡萄"和"松鼠"读作"ぶどうにりす"，"严于武道"写作"武道に律す"，读作"ぶどうにりっす"。

鹰纹

绘有鹰或鹰的羽毛等。中文中"鹰"与"英"读音相同，象征着英雄。日本武士们从江户时代起便流行狩鹰，鹰便成了武士之魂的象征。因此，武具、马具上都绘有鹰纹，象征勇者。此外，武家宅邸的窗楣、隔扇、屏风上绘有很多由鹰与松树组合而成的**松鹰纹**。

其他象征：出人头地

长尾鸟纹

绘有野鸡、鹡鸰、长尾雉等长尾鸟的纹样的总称。在中国，人们认为尾巴长的鸟与凤凰相通，有很多吉祥寓意。正仓院也有很多绘有长尾鸟纹的珍宝。此外，由于长尾鸟纹颇具装饰之美，所以常被用于能装束、访问服、和服筒带等多种纺织品中。绘有长尾鸡的纹样叫作**长尾鸡纹**，以示区分。长尾鸡纹象征出人头地。

其他象征：开运招福

胜虫纹

绘有被誉为胜虫的蜻蜓。关于蜻蜓这一别名的来源众说纷纭，其中一种说法认为：蜻蜓幼虫形似盔甲，成虫捕捉猎物后叼着猎物一直向前飞，绝不后退。鉴于这一勇猛果敢的行为，人们便将蜻蜓视为好胜之虫。胜虫纹多见于日本中世武具、武士服装等。

其他象征：出人头地
备注：广泛用于能装束、夏季和服等。

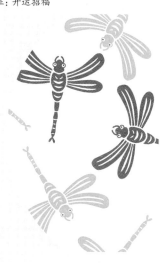

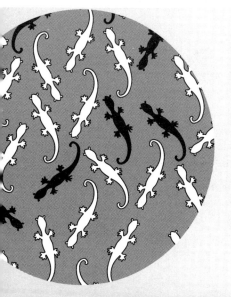

守宫纹

绘有守宫（壁虎）。由于守宫是一种捕食害虫的爬行类动物，可以保护人类免受疾病侵袭，故又名"家守"。而且守宫为夜行性动物，夜间目光敏锐，由于日语中"夜"和"矢"读音相同，所以人们将这一习性作为"守护弓箭""保护人免受弓箭伤害"之意，写作"矢守"，象征武运长久。刀柄、刀护手上也绘有该纹样。

其他象征：无病无灾、家庭圆满
备注：泰语中以守宫的叫声为其命名，并将守宫视为吉祥之物。神奈川县还有守宫神社。

香鱼纹

绘有被誉为"清流女王"的香鱼。香鱼历史悠久，早在《古事记》中就有记载。相传神武天皇收到神之启示、潜心祈祷时，香鱼突然跃出水面。全军将其视为吉兆，士气大振，遂完成了平定天下的大计。自此香鱼便被视为武运长久的象征。

其他象征：开运招财
备注：据说由于香鱼很难钓，钓到了就是吉兆，所以日语中才将其写作鱼字旁加占卜的占，即"鲇"。

陀螺纹

绘有陀螺。陀螺是一种常见的新年游戏和乡土玩具，饱含希望武家子孙能尽早独立之愿。此外，陀螺还象征"脑子转得快"。旋转的陀螺至今都象征着"工作转得开""金钱赚得多"及"日子日益圆满"等吉兆。

其他象征：开运招财、出人头地
备注：在钱包中放入小陀螺很吉祥。有种名叫"武将独乐"的陀螺玩具。

头盔纹

绘有头盔。头盔不仅是战场上保护身体的护具，还有鼓舞士气、大大提高佩戴者威严的作用。因此，头盔饱含着人们希望儿童不受疾病、事故伤害，茁壮成长为一名优秀人才的心愿。日语中"甲"原本表示铠甲，"胄"表示头盔，但后来二字混用，"甲"字有时也有头盔之意。

其他象征：无病无灾、出人头地
备注：兜神社（东京都）、兜山（山梨县）等以头盔命名的神社山分布于日本各地。

铠甲纹

绘有铠甲。盔甲被作为纹样大量绘制始于明治时期。明治政府提倡强军精神，所以绘画、文艺界中开始出现大量表现战史的作品，到了昭和年间，军事教育兴起，盔甲纹更加常见。当时男性和服短褂、盛装上很多都绘有铠甲纹。有的铠甲纹还描绘了极具特征的历史风云人物的铠甲。

其他象征：无病无灾、出人头地

钟馗纹

多绘有钟馗蓄长胡、佩剑、着中国官服、瞪大眼睛的姿态。据说这一姿势象征着武运长久。日本关东地区将钟馗纹用于端午驱邪装饰，关西地区则将其装饰于屋顶。在中国的逸闻趣事中，钟馗还与学业有成相关。

其他象征：无病无灾、学业有成

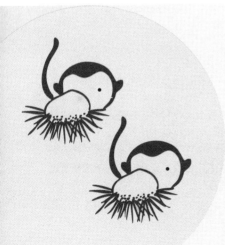

栗猿纹

绘有栗子和猿猴的组合纹样。该纹样乍一眼看上去属于描绘山野之景的纹样，但其实栗代表战国时代著名的"捣栗"。日语中"捣栗"的"捣"与"胜利"的"胜"读音相同，"猿"的读音与离去的"离"读音相同，所以栗猿谐音"取胜后离开"，有吉祥之意。此外，由于栗子和猿猴与民间故事"猿蟹合战"有关，又被称为**猿蟹合战纹**。

其他象征：祈求赌场得意、事事胜利

来到古寺、神社，可以一边呼吸飘于四季之风中的淡淡香气，一边感受日本人民向神佛祈愿的虔诚。抬头仰望，只见侍奉神佛的动物与仙界花草一同装饰着屋顶，同时上面还描绘了居住其间的众神之姿。这似乎早已成为日本祈愿之所的定式。下面将为大家介绍几处能让人感受到古人祈愿之心的场所。

位于长野县诹访湖附近，是日本最古老的神社之一。诹访大社供奉的很多神明都为世人所熟知，但其中当数古老的掌管风、水的龙神，以及与风、水直接相关的农业守护神最为著名。

上社本宫：长野县诹访市中洲宫 1
上社前宫：长野县茅野市宫川 2030
下社春宫：长野县诹访郡下诹访町 193
下社秋宫：长野县诹访郡下诹访町 5828
http://suwataisha.or.jp/

平安初期的典籍《先代旧事本纪·国造本纪》中就已有记载，是关东地区首屈一指的古老神社。位于埼玉县秩父市的中心。现存神殿系德川家康于天正二十年（1592 年）捐献修建，保留了江户初期的建筑样式，被指定为埼玉县物质文化遗产。

埼玉县秩父市番场町 111
http://www.chichibu-jinja.or.jp/

距今约 1300 年前，奈良建立起了都城。为祈求国泰民安，人们特从鹿岛神社接神于此，设祭祀之所。春日大社位于今天的奈良公园内，单从三千多盏奉纳灯笼便能感受到其信仰之深、之广。春日大社现已被列为世界遗产。

春日大社

奈良县奈良市春日野町 160
http://www.kasugataisha.or.jp/about/index.html

伏见稻荷神社

京都市伏见区深草薮之内町 68
http://inari.jp/

和铜四年（711 年）二月初午（二月第一个午日），神灵首次坐镇稻荷山，开启了日本人民对稻荷神的信仰。伏见稻荷神社是全日本四万多座稻荷神社的总本宫，位于京都市伏见区。建社 1300 多年来，神灵的神德普惠全日本。

象征天下太平的纹样

唯有天下太平人们方能安心生活。从古至今都是如此。因此很多象征天下太平的纹样都是根据某些典故创作而成的。如**谏鼓鸡纹**就是基于中国"谏鼓苔深鸟不惊"的典故创作而成的。这一典故讲述了进谏时用的谏鼓因太久没有被敲响而生了苔藓，里边甚至还住了鸟的故事。如今，由太鼓和长尾鸟（鸡）组合而成的华美纹样经常见于婚礼之中。

群鹤纹

鹤纹的一种，绘有飞舞的群鹤，既有同种姿态重复排列的，也有不同飞翔姿态相连的，又名**群飞鹤纹**。群鹤纹由象征吉祥之兆的鹤相连而成，是公认的象征和平的纹样，寄托着人们希望天下太平的心愿。不仅是群鹤纹，每一种成群图案相连绘制的纹样都象征着多福。

其他象征：延年益寿、开运招福

霞纹

绘有云霞缭绕之景。常用于绘卷中表现空间远近和时间推移。人们觉得霞纹与"永远"相通，便将祈求天下太平之愿寄托其中。此外，由于云霞多缭绕在仙人居住的山顶，所以还象征着长生不老、羽化登仙之愿。霞纹中将云霞绘成片假名"エ"状的エ霞纹是描绘于绳纹陶器之上的古老纹样。

小车纹

绘有小车，又名**剌车纹**。小车既被认为是诸神移动乘坐的环绕北极星的交通工具，也被认为是驰骋于天界，搬运神佛供品的交通工具。因此，人们公认小车纹是为向诸神祈求天下太平而创作出来的纹样。由于小车纹形似北斗七星，与妙见信仰相通，所以还饱含着祈求神佛加护的愿望。

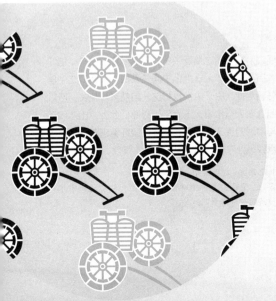

备注：伊势外宫（三重县）的"小车锦"留名青史。关于妙见信仰请见本书 45 页。

蛇笼纹

绘有蛇笼。蛇笼形状与蛇相似，是一种用竹子编成的大网眼圆筒状笼子，里边装有石头，用作河川护堤。因此人们认为**蛇笼纹**象征着祈求没有水灾、护国报恩的愿望。蛇笼纹很少单独出现，多与流水、花等组合出现。

其他象征：防止水灾

备注：蛇笼历史悠久，据说可追溯到约公元前200—300年，被用于中国四川省的水利工程。

内宫纹

组合图案中有能让人感受到王朝风俗、文化的各种道具、器物元素，如御帘、幔帐、香荷包、茱萸包、桧扇等。又名"大内纹"，是王朝纹、御所纹的一种，多用于贵族室内景观、宅邸内景，表达了人们祈求过优雅平和生活的愿望，并寄托着人们护国报恩的心愿。此外，内宫纹还象征着喜结良缘、嫁入富贵之家，是一种充满女人味的纹样。

其他象征：祈求良缘、祈求嫁入富贵之家

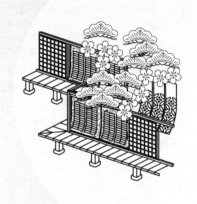

山水纹

通过描绘山川之姿反映日本四季变换的纹样。信仰大自然的日本人认为山中居住着山神，河海之中居住着水神。由于山水纹与这一自然崇拜相关，所以包含着人们希望天下太平的心愿。此外，山水纹还与中国的蓬莱山相通，所以还象征着延年益寿。山水纹无处不在，广泛用于挂轴、陶器、和服等。

其他象征：延年益寿

备注：蓬莱山是中国神话中的仙山。相传为拥有不死神药的神仙居住的地方。

穿在身上的祝福：和式纹样的爱与美

花鸟纹

绘有植物和鸟的组合，是一种能让人感受到平和安宁之感的纹样，在室町时代至江户时代广为流行。由于花鸟纹是在花鸟画的影响下产生的，所以人们认为其与天下太平相通。其寓意因所绘花鸟的种类而异，但大多数情况下鸟都会成对出现，所以花鸟纹还象征着家庭圆满。

其他象征：家庭圆满
备注：多用于有田烧、九谷烧

谏鼓鸡纹

绘有谏鼓和鸡。谏鼓是中国古代设置于朝廷外的一种用于诉讼的鼓。鸡停在谏鼓上就意味着无人上诉、政治清明。该纹样正是基于这一故事产生，所以与护国报恩之愿相通。谏鼓鸡纹被视为天下太平的象征，常用于装饰各地祭祀节庆中使用的矛、山车、神舆等，也可用于喜庆场合。

其他象征：开运招福

桐竹凤凰纹

绘有梧桐、竹子和凤凰的组合，是典型的有职纹样。该纹样源于中国典故。传说凤凰栖于梧林，食竹米，只有在世间太平的时候才从天上飞下来。因此桐竹凤凰纹被视为能带来幸福的高雅纹样，甚至被绘于日本天皇的束带之上。此外，桐竹凤凰纹被作为婚礼家具、日常用品、留袖、羽织上的图案也备受欢迎。

其他象征：出人头地

象征疫病平息的纹样

疫病是指集体爆发的传染病，以前称作流行病。典型的疫病有痘疮、麻疹、痢疾、霍乱等。疫病爆发时人们会供奉痘疮神，祈求疫病平息。疫病爆发会夺走众多生命，因此人们会在节日、庆典上饮桃子酒、菖蒲酒、菊花酒等，以预防疫病。装有草药的香荷包、装有香草的茱萸包应该也有预防疫病之意。草药植物、香荷包、茱萸包以及各种相关神佛都被绘成了纹样。

桃树纹

绘有桃树的花、果实等。由于《古事记》中记载了伊奘诺尊（日本神话中开天辟地的神祇）投桃驱散女鬼、黄泉丑女一事，所以日本人认为桃有驱邪功效。而且桃核里的桃仁对促进血液循环及治疗妇科疾病有奇效，桃花花蕾叫作"白桃花"，也是一种药材。

其他象征：添丁加口、消灾免难
备注：将桃与猿组合悬挂的玩偶吊饰，有祈求驱邪之意。

菊纹

绘有菊。菊是九月九日重阳节祈求身体健康、无灾无难的"菊被棉"仪式中不可或缺的植物。这一定是因为菊花有强劲的抗菌效果和各种药效吧。菊花被视为格调高雅的和式文化的传递者，被绘成形态各异的**菊纹**。

其他象征：出人头地、技艺精进

芦苇纹

绘有生长于河边的芦苇丛。芦苇是日本自古以来就有的植物，还被《万叶集》多次咏叹。由于日语中芦苇的读音与"恶"相同，出于忌讳，又被叫作"良"。所以芦苇象征着吉祥。另外，人们认为芦苇制成的箭头有驱邪功效，故被用作"破魔箭"。芦苇纹中有著名的平安时期的**苇手绘纹**。

其他象征：技艺精进、文采斐然、消灾免难

牵牛花纹

绘有牵牛花。牵牛花盛开于夏季清晨，花朵呈漏斗状。如今牵牛花是典型的夏季观赏花卉，其种子叫作"牵牛子"，被用作生药。所以牵牛花成了公认的祈求健康的象征。

其他象征：祈求貌美如花、防止迟到
备注：常见于浴衣等夏季和服、团扇、折扇及零碎装饰。

蟠桃纹

绘有蟠桃。蟠桃是一种外形扁平的桃子，原产于中国。在中国神话中，蟠桃生长于西王母的庭院之中，是一种具有驱邪、长生不老功效的仙果。另外，人们还把桃枝插在田里作为驱虫的符咒使用，所以蟠桃也有祈求五谷丰登的含义。日本一般将**蟠桃纹**笼统称作**桃纹**。

其他象征：消灾免难
备注：中国有祝寿之际吃寿桃、寿桃馒头的习俗。

达摩纹

绘有达摩不倒翁，达摩不倒翁是源于禅宗始祖菩提达摩的一种吉祥物。人们羡慕达摩的长寿便创造出了达摩不倒翁。有的**达摩纹**还专门描绘高崎（群马县）、深大寺（东京都）的达摩集市上卖的可爱达摩不倒翁。

其他象征：心想事成、祈求考试合格

香荷包纹

绘有香荷包。现在的香荷包指的是一拉开绳子就会散落缤纷纸片的七夕饰物。但香荷包原本是把艾蒿、菖蒲等草药装入网中，再系上象征阴阳两道的五色丝线后吊着驱邪用的。因此，香荷包纹常将荷包与当季花卉组合描绘，饱含着人们祈求无病无灾的心愿。

其他象征：消灾免难
备注：《源氏物语》中也出现过香荷包。

茱萸包纹

绘有茱萸包。九月九日重阳节至次年五月五日端午节期间，日本宫庭中将茱萸包用作壁龛装饰。茱萸包在日语中通常读作"GUMIBUKURO"，容易让人觉得里边装的是食用茱萸。但茱萸包中原本装的是红山椒，靠其气味驱邪。**茱萸包纹**象征着无病无灾。

其他象征：消灾免难、驱邪

菊水纹

绘有菊花和水流的组合。九月九日重阳节又名"菊花节"，据说**菊花纹**是以重阳边赏菊饮酒，边祈求延年益寿为意象绘成的。另外，谣曲《菊慈童》中也认为浮有菊花花瓣之水有长寿的吉祥之兆。这足以让人感受到菊花的神奇灵力。

其他象征：技艺精进
备注：日本从平安时代至江户时代一直都在过重阳节。

象征未来永久的纹样

在那个自然灾害频发、瘟疫爆发、战火纷飞的年代，一切都无力阻止，人们总是与死亡"靠背而活"。于是人们便把即使肉体泯灭、灵魂也会永存这一心愿寄托在唐草、波纹，以及盛开于天界的美丽莲花之上，并将其绘成纹样。也许是出于害怕人死后肉体随之消散的原因，人们祈求长生不老、延年益寿，并将仙人栖居之所、仙药植物等绘成纹样，以祈求自己能够效仿仙人（长生不老）。有生命之物总有一天会因新生命的诞生而交替消亡，但对死的恐惧是古今中外所共有的。所以世界各国都有很多祈求未来永久的纹样。

穿在身上的祝福：和式纹样的爱与美

莲纹

绘有莲花。佛教中有释迦牟尼在莲花上打坐冥想图，寺院的佛像前饰有一种叫"常花"的木质莲花，象征着极乐净土。因此莲花包含着人们想要"到达彼岸"之愿。此外，莲花根系发达，广布于淤泥之中，花谢后会结出众多果实，所以人们认为莲花还与繁荣相通。

其他象征：子孙繁荣、出人头地

备注：日本国内有很多以莲花著称或是以莲花命名的寺院，如光明寺（神奈川县）等。

灵芝纹

绘有灵芝。灵芝为多孔菌科菌类，干燥后可长年保存原形。灵芝在中国广为人知。人们或认为它是神仙手杖的制作材料，或将其视为长生不老仙药。与灵芝形状相似的云叫作"灵芝云"，公认是祥瑞的前兆。

其他象征：延年益寿

橘纹

绘有橘子。橘子为芸香科植物，为人所熟知。由于橘树为常绿小乔木，所以橘子被视为长生不老之果，象征着长寿。因此神社、天皇御所多种有橘树。其中京都御所紫宸殿中的"右近之橘"十分有名。此外，《万叶集》中也多次咏叹橘子，再加上以橘为图案的家纹众多，所以**橘纹**被选为日本十大家纹之一。

其他象征：长生不老、技艺精进

备注：还有将橘树奉为神木的橘寺（奈良县）、橘树神社（千叶县）等。

日本十大家纹是指以藤、酢浆草、木瓜、地锦、柏、桐、茗荷、慈姑、橘、鹰羽为原型的家纹。

唐草纹

绘有藤蔓植物。藤蔓植物紧贴地面、墙壁生活，生命力强，再恶劣的环境都能克服，因而被人们寄托着希望永远朝气蓬勃以及繁荣、长久的心愿。世界各地自古便开始描绘**唐草纹**。唐草纹是庄严和永久的象征，常见于寺院、神社。

其他象征：神佛加护
备注：欧美各国称唐草纹为"palmetto"。

宝相花纹

绘有宝相花。这是人们虚构出的一种盛开于天国、极乐世界的花。**宝相花纹**多被绘成八重宝相花或宝相花大朵绽放等华丽的样式。早在中国唐代，宝相花就同佛教一起，经丝绸之路传入日本①，寄托着人们希望未来永久、向往极乐净土的愿望。宝相花纹多用于法事及各种佛具纹样，也可用作和服底纹，但一般不用于出席喜庆场合的和服。

其他象征：极乐净土

蝉纹

绘有蝉。中国古人认为蝉脱壳的姿态象征着通向来世之旅，王侯贵族间流行"含蝉"习俗。这是一种让死者口含玉蝉，以防灵魂消散的习俗，一般认为，**蝉纹**的产生也正是来源于此。此外，多数蜕变后飞向高空的昆虫都含有羽化登仙之意。

其他象征：出人头地、驱邪
备注：日本有一家名字中带有"蝉"字的神社，这便是关蝉丸神社（滋贺县）。

① 日本学界认为海上丝绸之路东端延伸到日本。——编者注

穿在身上的祝福：和式纹样的爱与美

94

萤纹

绘有萤火虫。萤火虫能发出"梦幻之光",又写作"火垂""星垂",《万叶集》中也曾多次咏叹萤火虫。从古时候起,人们便认为漫天飞舞的萤火虫是人的灵魂变成的,所以萤火虫象征着到达彼岸之愿。典型的**萤纹**有著名的**捕萤纹**,多用于莳绘。《源氏物语》中还有关于萤火虫隔着御帘照亮了公主身姿的描写。

其他象征:技艺精进

波纹

绘有波浪。日本是一个四面环海的国家,所以人们对无边无际的**波纹**有着特殊感情,将自己祈求未来永久之愿寄托于此。小袖和服中常见梅花散落于海上的图案,这是因为日语中"海"字和"梅"字的读音都与生产的"产"谐音。所以该纹样象征着子孙繁盛、母子平安之愿。波纹中以**青海波纹**较为常见。

其他象征:子孙繁盛、母子平安

青海波纹

波纹的一种,将波浪绘成扇形,上下左右反复相连而成。波浪无边无际,象征着未来永久。有的国家有将死者葬于水中的水葬风俗,所以波纹还象征着到达彼岸。而《青海波》是雅乐的一个剧目,在《源氏物语》中也出现过。青海波纹自平安时代起开始使用,于江户时代广为流行。

其他象征:技艺精进

富士纹

绘有富士山。日本自古盛行自然崇拜、山岳崇拜，日本人认为富士山与"不死"相通，是一座很灵验的山。因此江户时代便有了信奉富士山及居住其中神灵的"富士讲""浅间讲"。受此影响，关东中心各地有很多富士神社。

其他象征：出人头地、开运招财

备注：富士山山名的汉字在江户时代才固定下来。之前有多种写法，如"不死""福慈""布士""富慈""富知"等。

蓬莱纹

绘有长生不老的神仙居住的蓬莱山，是一种源于中国的古老吉祥纹样。多与鹤、龟、松竹梅组合描绘，常见于喜庆场合。也有说法认为**蓬莱纹**还象征着到达彼岸后的极乐世界，含有祈求亡魂平安之意。

其他象征：心想事成、开运招福

月兔纹

绘有月与兔的组合。该组合早在弥生时代的铜铎、古镜之上就有描绘。《今昔物语》中提到兔子在月亮上捣长生不老仙药。中国古人认为兔子与帝释天关系密切①，所以**月兔纹**还寄托着免受病魔灾难之苦、疾病痊愈的心愿。

其他象征：消灾除难、疾病痊愈

① 此处应是本书作者对中国神话的误解。——编者注

源于众生心愿的纹样

第四章

祈求开运招福的纹样

不论什么时代，人们都希望能福运绵长，更加幸福。怪不得日本各地有那么多与开运招福相关的神社、寺庙、吉祥物。幸福感因人而异。财运上升、姻缘美满、身体健康、延年益寿……不同的人对幸福的定义千差万别。动物、植物、器皿、风景等万事万物都蕴含着各种吉祥之意，于是被绘成纹样。这些纹样大多鲜艳华丽，因而被广泛用于婚礼等喜庆场合，不宜在丧礼等场合穿戴。

大叶竹纹

绘有细竹中叶片较大的大叶竹（山白竹）。大叶竹有抗菌作用，广泛用于菜肴装饰、民间解毒等。为表现大叶竹耐得住大雪的强大生命力，纹样中一般不单独出现大叶竹，而是和雪组合出现。为祈求幸运加倍，人们也会将其与竹耙组合描绘成纹样。

其他象征：无病无灾

竹蔓纹

绘有数百年盛开一次的竹子之花与竹叶，有时会与松塔组合出现。由于竹子极少开花，所以在日本人们认为竹子开花是开运吉兆（有的地方则认为是不幸的预告）。**竹蔓纹**多与灵芝云、"卍"字、石板组合描绘。"竹蔓缎子"为著名名贵绣片意象之一。

其他象征：延年益寿、五谷丰登

松竹梅纹

绘有松竹梅的组合。松竹在寒冬中也能保持翠绿，象征着生命力，而梅则是一年中最早盛开的芬芳之花，所以日本视这些植物为吉祥之物。直到今日，新年时的日本街头仍能看到园艺商店摆出松竹梅的组合盆景。另外，中国古人认为松竹梅象征着君子气节，称其为"岁寒三友"。

其他象征：延年益寿

羊纹

绘有羊。中文里"羊"与"阳""祥"发音相似，所以人们认为羊与吉祥相通。西方认为羊吃草，可以使土地更肥沃。而且羊是群居动物，单独行动就会产生巨大压力，所以在日本人们认为**羊纹**有利于人际关系更顺畅，扩大人脉。

其他象征：除灾免难、祈求安眠

翠鸟纹

绘有翠鸟。翠鸟傍水而居，体型略大于麻雀。由于翠鸟背部的羽毛为美丽的翠绿色，所以又被亲切地称为"翡翠""空中飞翔的宝石"，象征着和平、长生不老，并与各种能力、能量相通。凡是翠鸟瞄准的猎物都一定能被捕获到，翠鸟强大的意志力能让人激发出完成目标的潜力，所以人们认为翠鸟纹有助于心愿达成，多绘于挂轴之上。

莺纹

绘有莺。在残雪尚未消融的早春，莺便发出悠扬的鸣叫声，所以又被称为"告春鸟""春见鸟""歌咏鸟"等，传说其叫声可以招来幸运。纹样方面，由莺和梅组合而成的**梅莺纹**是新春的典型意象，江户时代广泛绘于莳绘、和服之上。

其他象征：母子平安、祈求考试合格

河豚纹

绘有河豚。河豚在下关（山口县）被称为"福"，被公认为能招来幸运的食物。河豚的体形滑稽可爱，多用作和服、陶瓷器花纹，还有很多乡土玩具都以河豚为原型。河豚毒性强烈，关西地区称其为"铁炮"，所以**河豚纹**还象征着祈求安然逝去、武运长久之愿。

其他象征：到达彼岸、祈求安然逝去
备注：下关有以河豚体态为原型的"河豚笛""河豚灯笼"等乡土玩具。

蟹纹

绘有螃蟹。日本人自古以来都视螃蟹为一种拥有强大灵力的生物。人们认为螃蟹横着走可以招财运，螃蟹的左右两只螯可以斩断过往及未来的厄运。同时，人们还将螃蟹的外形视为武士威力的象征，传说平家蟹就是平家武士的灵魂投胎转世而成的。儿童在喜庆之事中多使用绘有松竹梅、鹤、蟹组合而成的蟹鸟纹。

其他象征：财运上升、祈求儿童茁壮成长、武运长久
备注：蟹满寺（京都府）因《今昔物语》中"螃蟹报恩"的故事而闻名于世。

旭日纹

绘有日出的景象。日本至今都有叩拜新年之后首次升起的太阳的习惯，人们深信迎着新年首次升起的太阳许下的愿望一定能实现。此外，中国也有描绘日出东方之景的旭日东升纹，人们将其视为有助于出人头地的纹样。因此很多战时和服都绘有此种纹样，并保留至今。

其他象征：出人头地

竹耙纹

绘有竹耙。竹耙在日语中写作"熊手"，因形似熊掌而得名。竹耙一直被用作农具、武器，但人们认为其有招运聚福之意，所以酉市等庙会日都将其作为吉祥物。**竹耙纹很少单独使用，多与大叶竹、宝船等图案组合出现。**

其他象征：生意兴隆、五谷丰登、武运长久

船纹

绘有船。日本四面环海，自古就有很多以船为意象的纹样。船是渔业、海外贸易不可或缺的重要交通工具。在纹样方面，比较著名的**船纹**有满载珍宝的**宝船纹**、七福神乘坐的**七福神船纹**、**帆船纹**、**屋形船纹**等。

其他象征：祈求留学成功

宝船纹

船纹的一种，绘有宝船。江户时代有将宝船图压于枕下以祈求美梦连连、保全年顺利的习俗。**宝船纹**因此诞生，为招来更多幸福，经常同帆船、七福神、宝物等组合描绘。

其他象征：避免噩梦、生意兴隆

穿在身上的祝福：和式纹样的爱与美

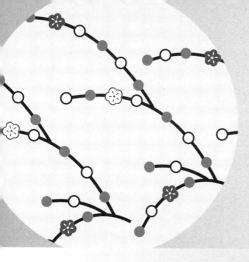

茧球饰纹

绘有新年吉祥装饰物茧球饰。茧球饰是一种将茧状丸子插在柳枝、灯台树的枝上而成的年糕花。日本是有名的丝织物之国，盛行养蚕的地方至今都会制作茧球以供奉养蚕人的守护神——蚕神，并寄托各种愿望于其中。由于茧球饰非常可爱，所以**茧球饰纹**多用作小饰品纹样。

其他象征：五谷丰登、生意兴隆、蚕茧丰收

如意小宝槌纹

绘有如意小宝槌，传说许愿后轻轻一挥宝槌便能实现所有愿望。如意小宝槌是集各种吉祥物于一体的万宝纹中不可或缺的意象。此外，由于宝槌是用来敲打东西的，所以又与"敲打敌人"相通，因此有武运长久之意，多与当季花草组合使用，用于喜庆场合。

其他象征：武运长久、祈求必胜
备注：如意小宝槌纹在日本民间故事《一寸法师》中也出现过。

龟甲纹

是绘有正六边形的纹样的总称。**龟甲纹**自西亚经中国传入日本，纹样名字中的"龟甲"指的就是乌龟壳。但英语却将该纹样称为"beehive pattern"（蜂窝状），所以也有说法认为龟甲纹其实是以蜂窝为原型的。

其他象征：恋爱顺利、夫妻美满、延年益寿

祈求消灾免难的纹样

谁都不希望不幸之事发生。为驱赶恶灵，人们把很多有助于驱邪的物品绘成纹样。典型的纹样有平安时代开始流行的"五芒星"（星形正多边形）、"九字"（九字护身咒语）等与阴阳道、密教相关的纹样，这些纹样至今都被视作代表性驱邪纹样。虽然乍一看很难发现，但其实花笼纹、蛇笼纹中也融入了这些纹样。古代日本人认为疾病是因患病者品行不端、被恶灵鬼神作祟附体而致，因此很多寓意为消灾免难的纹样同时还代表着无病无灾、疫病平息等与健康相关的心愿。

柳纹

绘有柳。柳树根系强劲，即使在水边也能茁壮生长，所以多被栽培于河边、池塘边，以预防水灾。柳叶含有水杨酸，是解热镇痛药阿司匹林的原料。因此在日本人们认为柳树有保护人类免受各种灾害的力量。多与燕子、鹭鸶、雨等组合描绘。

其他象征：无病无灾、预防水灾

桔梗纹

绘有"七大秋草"之一的桔梗。桔梗花形似五芒星，根可作食材，还可用作生药，有祛痰、镇咳、止痛、镇静、解热的功效，是一种对人有益的植物。桔梗又名"土岐"，是用来供奉神灵之花，因此还象征着消灾开运。

其他象征：出人头地、无病无灾、除灾免难
备注：熊本城的瓦上绘有桔梗纹。

山茶纹

绘有早春枝头绽放花朵的山茶。山茶早春开花，单花顶生。佛教中，寺院做法事时撒花或花瓣的散华仪式用的就是山茶花。东大寺（奈良县）的佛教庆典中至今都装饰有人造山茶花，并将其视为预告春季来临的圣洁之花。此外，由于山茶花在凋谢时整个花朵全部脱落，所以武家将其视为不吉利的象征。

其他象征：延年益寿、神佛加护

源于众生心愿的纹样

孔雀纹

绘有孔雀。雄孔雀求爱时会展开美丽的羽毛。孔雀捕食剧毒毒蛇，印度人民认为孔雀有祛毒的能力，此外，孔雀还是一种与孔雀明王密切相关的鸟类。所以孔雀象征着祛除厄运等吉祥之意。**孔雀纹**是一种色彩艳丽的纹样，多用于新娘礼服裢裆等婚庆场合的服装。

其他象征：恋爱顺利
备注：日本日光东照宫的孔雀雕刻颇为有名。

水纹

绘有水流、积水等。水是地球万物维持生命不可或缺的存在。在日本，人们认为水中居住着神灵，因此供奉水神以祛除污秽。此外，水流象征森罗万象，所以水被绘成**流水纹**等多种纹样。

其他象征：神佛加护、荣华富贵、消灾免难

漩涡纹

绘有螺旋状曲线水流。这是一种同**圆纹**、**鳞纹**一样古老的纹样，早在公元前日本人就开始描绘**漩涡纹**。漩涡是能量的象征，由于其与神佛的头发——螺髻相通，所以人们将漩涡纹视为一种驱邪符咒。不仅在日本，漩涡纹在世界各国都很常见。

其他象征：开运招财

铃纹

绘有铃铛。神道认为巫女跳神乐舞时手里拿着的神乐铃、参拜神社时摇响的铃铛等都有驱邪的灵力。与此同时,清脆的铃声还有召唤神灵之力。**铃纹**是一种可爱的纹样,多用于儿童和服、浴衣。

其他象征:神佛加护、祈求孩童苗壮成长
备注:日本各地还有以铃铛为原型的乡土玩具。

汲汐桶纹

绘有用来汲取盐分的桶。盐不仅是人类和其他动物维持生命的必要元素,还蕴含着清洁四周、祛除不洁之物的能力,因此被作为供奉神佛之物。用来汲汐取盐的汲汐桶也相应具备了特殊寓意。**汲汐桶纹**多与松、波等组合出现。

其他象征:文才出众
备注:净琉璃《山椒大夫》、田乐《松风》和能中也出现了汲汐桶。

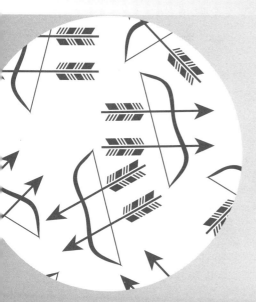

破魔弓纹

绘有弓箭。早在镰仓时代,弓箭就成为给男孩的新年贺礼,人们自古便深信弓箭有破魔驱邪之力。关于破魔弓名字的由来有两种说法:一种说法认为得名于"攻破恶魔",而另一种说法认为日语中"开弓"又读作"HAMA",与"破魔"读音相同。

其他象征:祈求孩童苗壮成长、武运长久、出人头地

羽毛毽板纹

绘有新年吉祥物羽毛毽板。羽毛毽板历史悠久，源于 7 世纪日本宫廷流行的"球杖游戏"。球杖游戏是一种用刮刀形球杖对打木球的游戏。此外羽毛毽板击打的毽球由无患子的种子制成，该植物的名字象征着"儿童无患"的吉祥之意。

其他象征：祈求孩童茁壮成长、无病无灾

隐身蓑衣纹

绘有隐身蓑衣。隐身蓑衣为天狗之物，穿上隐身蓑衣后就不会被看到。**隐身蓑衣纹**很少单独出现，多见于自镰仓时代就流行的万宝纹中。也见于腰带、正装和服、浴衣等。民间故事《彦一的故事》中也出现过隐身蓑衣。

其他象征：祈求善于倾听

石叠纹

绘有铺有天然石板的路面。石板路多见于城堡、神社。有时会对着石板路"画九字"以驱邪，或是铺上龟甲形石板以祈求开运。英语中则将其比作国际象棋棋盘，称为"checkers"或"check"等，象征着胜负运势。

其他象征：祈求必胜

备注：画九字是一种口念"临、兵、斗、者、皆、阵、列、在、前（行）"九字真言，以驱除恶鬼怨灵的护身法。

鳞纹

绘有多个相连三角形。铜铎、古坟壁画、埴轮（日本古坟顶部和坟丘四周排列的素陶器的总称）等均绘有**鳞纹**，所以人们认为鳞纹有祛邪的力量。如今鳞纹仍广泛用于和服、和服衬衣，以及伊达腰带等和服配件。歌舞伎《京鹿子娘道成寺》中蛇的化身清姬的服饰就绘有鳞纹。

其他象征：财运旺盛

五芒星纹

绘有由五条相互交叉、长度相等的线段构成的图案。可能是由于该图案可以一笔绘成的原因，世界很多地方都将五芒星用作魔法符号。五芒星作为阴阳道的除魔符咒传入日本，象征金木水火土阴阳五行相克之意。驱邪符上也绘有该纹样。

其他象征：驱魔
备注：五芒星纹为晴明神社（京都府）神纹。

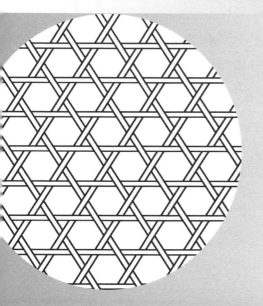

竹笼网眼纹

绘有竹笼、藤笼网眼。由于网眼形似驱魔五芒星纹，再加上竹笼网眼纹由正三角形这一公认的驱邪形状上下重叠而成，所以人们认为**竹笼网眼纹**与除难转运相通。常与当季花草、芦苇、柳、水鸟等水生动植物搭配绘成多种纹样。

其他象征：驱邪
备注：江户时代有在房檐下放笼子以驱邪的风俗。

祈求良缘的纹样

结缘、祈求良缘原本涵盖了各种人际关系。话虽如此，但一说起祈求良缘，人们最先想到的还是男女姻缘。鹿岛神社（茨城县）至今都保留着一种名叫"常陆带"的结缘神事。常陆带的由来明确，曾在《源氏物语》中出现过。举行常陆带神事时，男女两人分别在带子上写好各自意中人的名字供在神前，神官把带子成对扎起，占卜两人是否适合结婚。这一神事至今仍被用来判断男女是否有缘。有助于祈求良缘的纹样中，既有与神佛相关的纹样，也有产生于谐音、双关语的纹样，如以打结使用之物、藤蔓茂盛植物等为原型的纹样。

铁线莲纹

绘有铁线莲。近来铁线莲中出现了很多西洋品种，其英文名"clematis"也为人熟知。铁线莲于江户时代作为一种观赏植物传入日本，人们认为其强韧的藤蔓可以加强人与人之间的相互联系，象征着恋爱成功、夫妻圆满等吉祥之意。**铁线莲纹**多用作婚礼纹样，也有很多以铁线莲为原型的家纹。此外，铁线莲的根部就是人们熟知的治疗痛风的生药威仙灵。

其他象征：无病无灾、延年益寿
备注：铁线莲纹是江户中期有名的能装束图案。

紫阳花纹

绘有紫阳花。紫阳花由众多蓝色小花汇集而成，所以人们认为紫阳花原本叫作"集真蓝"。日语中"蓝"与"爱"发音相同，紫阳花便象征着祈求集万千宠爱于一身之意。**紫阳花纹**是琳派作品的常见意象，不知为何近年也开始用作和服图案。如今，紫阳花纹已成为浴衣的代表性纹样。

其他象征：出人头地
备注：日本全国各地都有汇集了大量紫阳花的紫阳花寺。

朴树纹

绘有朴树。朴树上会长有寄生植物，所以神社、寺庙将其视为神木，取名"爱乃寄"（与"爱之木"同音）、"绫木"（与"身旁之木"同音），象征结缘之愿。此外，也有象征断绝关系的朴树，如"断缘朴树"（东京都）、树干上插满镰刀的"镰八幡朴"（大阪府）等。所以**朴树纹**也会同镰刀、螳螂等搭配，象征斩断孽缘。

其他象征：结缘、斩断孽缘、除灾免难

萝卜纹

绘有萝卜。在七大春草中，萝卜被视为"神圣植物"，取名"莱菔"。萝卜可中和体内毒素，助消化。此外，萝卜还是供奉胜天（大圣欢喜天）之物。胜天是著名的象征阴阳和合、夫妇双身的福神。此外，今宫神社（京都府）的玉舆护身符上也绘有萝卜。

其他象征：神佛加护、夫妻和睦
备注：胜天的神纹为双股萝卜，此外，人们还会举行萝卜供奉神事。

宝相花唐草纹

绘有宝相花和唐草的组合。宝相花是一种汇集牡丹、莲花、石榴等各种吉祥花卉要素于一体的虚构花卉。宝相花由印度传入中国，并于奈良时代由中国传入日本。宝相花是集各种花卉于一体组合而成的，所以象征着结缘。**宝相花唐草纹**是奈良时代、平安时代的装饰性纹样，正仓院的宝物上也绘有该纹样。另外，宝相花唐草纹还常用于佛具。

其他象征：极乐净土、未来永久、开运招福

蛤纹

绘有文蛤。文蛤形似栗子，日语中又写作"浜栗"。平安时代的雅玩"赛贝壳"用的就是文蛤的贝壳。只有同一只文蛤的上下双壳才能完全吻合，所以文蛤象征着祈求良缘、夫妻圆满等。此外，人们认为蛤有制造海市蜃楼的灵力，与驱邪除魔相通。

其他象征：驱邪除魔、夫妻美满

樱花瞿麦纹

绘有樱花和瞿麦的组合。春季盛开，将天际染成一片绯红的樱花是象征日本的花中之王。瞿麦在日语中写作"抚子"，而日语中又将古典端庄的女性称为"大和抚子"，所以瞿麦与女性美德相关。由这两种植物组合而成的**樱花瞿麦纹**象征着祈求美貌、嫁入富贵之家的愿望。

其他象征：祈求美貌、嫁入富贵之家、出人头地
备注：樱花瞿麦纹是夏季和服、浴衣的常见纹样。

结文纹

绘有将书信折叠成细长条，并打结而成的结文。日本古时候的书信打结折叠也有惯例：一般事务性书信纵向折叠、系好，称为"立文"；而情书等私人书信则会横向打结，称为"结文"。另外，在贵船神社（京都府）的结社中祈求结缘时要系"结文"，**结文纹**也因此被赋予了祈求恋爱顺利之愿。

备注：结社是贵船神社的中宫。从贵船神社本殿出发，沿贵船河行 300 米左右便是结社。

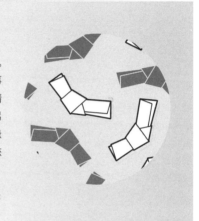

纽辫纹

绘有由多股绳子揉成的纽辫。纽辫由至少三条绳子交叉揉成，有加深人际关系、牵绊之意。此外，纽辫由中国传入日本，正仓院中也有收藏，并于平安时代被绘成了**纽辫纹**。纽辫可用作陶器图案。

其他象征：学业有成、祈求留学成功、一路平安

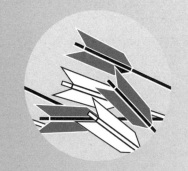

箭羽纹

绘有绑在箭上的正羽，日语写作"矢羽根"或"矢羽"。箭头上绑上羽毛可以使箭身边旋转边正中靶心。因此，箭羽有"射中对方的心"的含意，象征着恋爱成功。另外，绘有众多连续箭羽的**箭羽碎纹**为武家频繁使用的纹样。

其他象征：武运长久、出人头地
备注：饮料"三矢汽水"的商标就是三箭羽纹。

桥纹

绘有桥。日本自古便将桥视为连接阴间阳间、神界人界之物，认为桥是人与人之间的连接，将其神圣化。古代建造大型桥梁时会向神佛供奉人牲，由此也可见一斑。桥多与各种风景搭配出现，其中绘有燕子花和桥的**八桥纹**颇有名气。

其他象征：未来永久

锚纹

绘有驳船时用的锚。锚能固定、拴住船，所以含有维系事物之意，象征着人们想要抓住爱人之心、维持长久关系之愿。江户时代的能装束上也绘有**锚纹**。

其他象征：祈求爱情、航海平安

小石纹

绘有各种小石子，有祈求爱情之意。日语中"小石"与"恋慕"发音相同，所以人们视小石子为"恋石"，日本各地神社都将石子作为恋爱护身符。**小石纹**很少单独出现，多与象征恋爱的鲤鱼、象征归家的青蛙等组合，形成双关之意。人们有时还将能招来爱情的小石纹与招财猫一起组合。

其他象征：祈求良缘、单恋成功
备注：根合海岸（静冈县）、水川神社（埼玉县）里的小石子是有名的结缘之物。

盒纹

绘有盒。盒在日本是一种盖子与盒身形状相同的器皿。多用来盛香，又名"香盒"。中文里"盒"与"合"同音，象征良缘、和合，因此日本人民也将其视为结缘的象征。

其他象征：夫妻美满

比翼纹

绘有中国传说中雌雄各一目一翼，比翼双飞的比翼鸟。比翼鸟象征男女彼此深爱，所以花街柳巷，以及江户吉原娱乐区的男女出于玩乐之心，会各自选择喜欢的图案组成纹样。因此，人们认为**比翼纹**可以为自己和心爱之人制造很深的牵绊。

其他象征：恋爱成功
备注：中国还有一种说法称发现了比翼化石，认为它是恐龙的一种。
歌舞伎中有一首名为《浮世柄比翼稻妻》的曲目。

祈求良缘的神社

在当今人们的观念中，未来的生活伴侣当然要自己寻找。但在过去曾有过一个因看重双方家庭间的交往而与父母挑选之人举行婚礼、组成家庭的时代。想必在当时，祈求良缘一定是关乎一生一世的祈愿了。本书接下来将为大家介绍一些日本自古闻名、颇有来历的祈求良缘之所。想必一定能提升您的桃花运吧。

享誉日本的祈求结缘的神社。据说地主神社的创建年份甚至早于日本建国。神社正殿前的"恋爱占卜石"为绳文时代的古物。

地主神社

京都府京都市东山区清水 1 丁目
http://www.jishujinja.or.jp/

野宫神社

供奉着著名的结缘、得子与安产之神的神社。该神社为紫式部《源氏物语》中光源氏和六条御息所惜别之所。据说如果摸着野宫大黑天（保佑信徒缔结良缘的神明）旁边的神石"龟石"祈愿的话，所许之愿一年之内便可实现。

京都府京都市右京区嵯峨野宫町 1
http://www.nonomiya.com/

安井金比罗宫

著名的"斩孽缘，结良缘"之所。祈愿时要钻进斩缘结缘碑（立于神社中央的石碑，中间有可容人穿过的洞）中。有一种说法称神灵之力会通过石碑中间的裂缝注入下边的石洞中。

京都府京都市东山区东大路松原上下弁天町 70
http://www.yasui-konpiragu.or.jp/

据说在此祈求良缘时结"结文"，所许之愿就能实现。因女歌者和泉式部在参拜贵船神社时许下的恋爱心愿得以实现，所以这里便成为有名的"恋爱之宫"。

贵船神社

京都府京都市左京区鞍马贵船町 180
http://kibune.jp.jinja/

东京大神宫

是东京有名的伊势神宫，供有掌管恋爱的神明，是颇受年轻女性欢迎的恋爱祈愿的场所。这里的铃兰护身符非常有名。

东京都千代田区富士见 2 丁目 4 番 1 号
http://www.tokyodaijingu.or.jp/

与结缘守护神大黑尊有牵羁的"结缘护身符"颇具人气。

神田明神

东京都千代田区外神田 2 丁目 16 番 2 号
http://www.kandamyoujin.or.jp/

出云大社

供奉着日本颇具代表性的"结缘之神"——大国主大神。这里的缘不限于男女关系，而是让万事万物幸福之缘。据说只要到出云大社祭拜，就能实现所有良缘。

岛根县出云市大社町杵筑东 195
http://www.izumooyashiro.pr.jp/

宜室宜家的纹样

家人和睦、无病无灾、家庭安稳是人们自古以来的心愿。很多祈愿家人平安的神社同时还与家族美满、夫妻和睦、无病无灾等吉兆相关。纹样也是如此，有助于家人安全的纹样多绘有成双成对、关系和睦的动物，以及相互系在一起使用的器物。另外，人们认为有益于家人健康的草药、野草等也有助于家人安全，因此便将其绘成了纹样。其中很多纹样都以圆形为主要图案，既有圆满之意，又象征家人安全。在考验家庭究竟为何物的现代社会，我们更应重新审视这些纹样。

黄花龙芽纹

绘有七大秋草之一的黄花龙芽。花黄龙芽为多年生草本植物，生于山野之中，夏季到秋季开黄花。**黄花龙芽纹**不仅是夏季和服上的代表性纹样，还被广泛用作莳绘、陶器上的纹样。黄花龙芽还是一种药草，有清热解毒、治疗子宫出血的功效，所以黄花龙芽纹象征祈求家人平安之愿。

其他象征：才艺精进、无病无灾

杜若纹

绘有马兜铃科多年生草本植物杜若。杜若叶片形似燕子飞翔之姿，故又名"燕子花"，同燕子一样，象征着生育儿女。江户中期工艺美术家尾形光琳的《八桥嵌金砚盒》特别有名，还被用作五千日元纸币上的图案。

其他象征：技艺精进、财运上升
备注：还有很多和歌、传奇故事以燕子花为主题。

芒草纹

绘有芒草。芒草汉名写作"芒"。芒草穗前端微微开裂起毛，自古就被视为神灵寄居的地方。能乐《高砂》中的老翁、老妪所持的杉帚和芒草穗一样，前梢也微微裂开起毛。此外，不仅是芒草，人们认为所有茅草类植物都是招神之草，故取名"真草"，并出现在众多纹样之中。

其他象征：无病无灾、子孙绵延

鹤龟纹

俗话说"千年鹤，万年龟"，绘有龟鹤这一长寿动物组合的纹样象征着延年益寿、长生不老。中国古代认为蓬莱是仙人居住的地方，有人认为**鹤龟纹**是以蓬莱纹为原型，经过日本独特改造而成。鹤龟纹还可与鲜艳的松竹梅组合描绘，多用于婚礼、新年庆典等喜庆场合。

其他象征：开运招福

鹡鸰纹

绘有鹡鸰，又名**教恋鸟纹**。鹡鸰常见于溪流，肩背呈灰色，上腹部为白色，下腹部为黄色，经常上下摆动尾部羽毛，雌雄关系和睦。鹡鸰因教会日本神话中的伊邪那美女神与伊邪那岐男神夫妇和睦的重要性而闻名。**鹡鸰纹**是**神宫裂纹**的代表性纹样，为人们所熟知。

其他象征：开运招福

鸳鸯纹

绘有鸳鸯。鸳鸯是一种成对行动的鸟类。"鸳鸯夫妇"是夫妇关系和睦的代名词。因此，**鸳鸯纹**多用于礼装、盛装和服、腰带，以及新娘便装等。此外，人们还将绘有鸳鸯纹的棉被视为良缘的象征。

其他象征：祈求良缘

雁纹

绘有大雁。大雁到了秋天就会成群飞往南方，来年春天又会飞回北方。说起大雁，还有一个小插曲：传说中国武将苏武被俘虏期间，在大雁的脚上系了家信带回家乡，才使得夫妻团聚并最终圆满地生活在一起。**雁纹**是人们为了让秋季更加多姿多彩而使用的纹样，包括绘有大雁成排的**雁行纹**、将大雁尾巴绘扭转状的**结雁金纹**等。

千鸟纹

千鸟原本并不是某种鸟类的名字，而是泛指各种鸟类。在纹样世界中，**千鸟纹**多绘有聚集于海滨的小型鸟类。这些鸟因体型可爱而被绘成纹样，多见于馒头烙印等相对平民化的物品上。千鸟纹一般不单独使用，而是同波浪等搭配出现。

其他象征：祈求孩子健康成长
备注：千鸟纹还是和果子店千鸟屋的纹样。

燕纹

绘有燕子。燕子在房檐下筑巢，雏燕出生后由雌雄燕子共同抚养，所以人们将其视为家庭美满的象征。此外，燕子还会吃掉屋子附近的蚊子、苍蝇等害虫，所以**燕纹**又有驱赶疾病之意。作为一种春季意象，燕纹一般不单独使用，多与柳、雨等搭配出现。

其他象征：消灾免难、无病无灾

贝桶纹

绘有贝桶。贝桶是用来装平安时代的贵族游戏"赛贝壳"中使用的贝壳的。"赛贝壳"游戏所用贝壳为文蛤贝壳等二扇贝。只有同一只文蛤的上下两扇贝壳才能相互吻合，因此**贝桶纹**象征着夫妇美满、和合。此外，贝桶大多装饰华美，被用作出嫁道具，因此婚礼现场、婚礼用品中多绘有贝桶纹。

其他象征：恋爱成功

井桁纹

绘有井桁。井桁是一种盖在井口的"井"形木盖。从前，井是获取生活用水必不可少的东西，所以人们认为**井桁纹**含有守护生活之意。此外，从前货币又称"货泉""泉货"。因此，井桁纹作为泉水的象征，还含有财运上升之意。

流水桥纹

绘有桥。桥可以连接两处，有圆满、繁盛之意。另外，架桥是为了渡河川、湖泊，所以桥与"克服苦难向前迈进"之意相通，象征万事如意。**桥纹**既可单独使用，也可与当季植物、流水组合使用。代表性的桥纹有**八桥纹**、**石桥纹**、**太鼓桥纹**等。

其他象征：开运招福

高砂纹

绘有婚礼等喜庆场合唱的谣曲《高砂》。《高砂》讲述了高砂之浦（兵库县）上的一棵拥有雌雄双干的"双生松"化作一对老夫妇的故事，象征夫妻之爱及长寿。此外，该曲目出自"谣曲之神"世阿弥之手。他由**高砂纹**获得灵感作谣曲《高砂》，该谣曲使得室町时代的能乐得以完善，所以高砂纹又象征着技艺精进。

其他象征：技艺精进、延年益寿
备注：高砂神社（兵库县）长有双生松。

屋形纹

绘有干阑式建筑。**屋形纹**是一种忠实再现古代房屋样式，并流传至今的珍贵纹样。弥生时代用于储存稻米的干阑式仓库逐渐发展成为"神明造"这一神社建筑样式。干阑式建筑与神佛密切相关，因此被绘成纹样。人们认为屋形纹除了象征家庭幸福外，还与各种吉祥之意相通，广泛用于和服、暖帘等。

其他象征：荣华富贵

花筏纹

绘有顺河漂流的竹筏和当季植物的组合。因此，**花筏纹**春配樱花，秋配枫叶、红叶、菊花。其中以搭配樱花最为常见，这可能是因为春雪消融，河流水量见涨，樱花竹筏漂流于河面之上的情景寄托了人们希望夫妇美满、家庭永远幸福的愿望吧。花筏纹优雅美丽，常用于女性和服、浴衣、腰带及各种小装饰物。

其他象征：荣华富贵

祈求子嗣绵延的纹样

　　子嗣绵延指的是希望幸福可以一直持续到儿子辈、孙子辈，家庭代代繁荣的心愿。人们认为得子、安产、育儿等都与子孙繁衍相关，可见祈求子嗣绵延的心愿已经融入生活之中。从纹样意象来说，与此类心愿相关的纹样绘有犬、兔、鱼等生产较容易且多产的动物，葡萄等果实压满枝的植物，石榴、瓜等种子众多的植物，以及藤蔓茂盛的植物等。这些图案都寄托了人们祈求得子、安产等愿望。另外，桐、麻等生长迅速的植物也象征着期盼子孙茁壮成长的心愿。

瓜纹

绘有黄瓜、西瓜、丝瓜等瓜类植物的纹样的总称。瓜多籽、蔓生，长势好时可将周围土地全部覆盖，因此象征着子嗣绵延。此外，将瓜横切后的圆形截面与鸟巢相似，绘成纹样叫作**窠纹**，在平安时代被用作有职纹样。

其他象征：出人头地

葡萄纹

绘有葡萄。葡萄同佛教一起经中国传入日本。葡萄藤蔓强韧，一串葡萄结有众多汁液丰富的果实，所以被视为子嗣绵延、丰收的象征。但日语中"葡萄"与"武道"读音相同，武家认为葡萄的果实掉落与武道衰落相通，故葡萄为武家所厌恶。

其他象征：开运招财
备注：日本的葡萄产地胜沼（静冈县）是武道之城，致力于发展体育。

兰纹

绘有兰花，多以春兰（而非洋兰）为基础图案绘成。春兰的花和茎有强身健体的功效，可制成兰茶。因此，人们便将祈求得子之愿寄托在春兰上。此外，中国称梅兰竹菊为花中"四君子"，将兰花视为文人之花，所以**兰纹**还象征着技艺精进。

其他象征：技艺精进、出人头地

笔头草纹

绘有问荆的孢子茎——笔头草。早春破土而出的笔头草繁殖能力强，不仅可以食用，还有药效，因此被绘成纹样，象征子孙繁盛。笔头草和问荆被比作亲子关系，所以**笔头草纹**还象征着家庭圆满。

其他象征：祈求达笔善书、技艺精进、无病无灾

蒲公英纹

绘有点缀春日原野的蒲公英。蒲公英种子可随风飘向远方，因此象征子孙繁盛。此外将整株蒲公英干燥后可制成生药，有滋补强健、促进乳汁分泌的功效。蒲公英茎会流出乳白色液体，故别名"乳草"。

其他象征：出人头地、财运上升

桐纹

绘有梧桐。梧桐长有阔卵形大叶，开有紫色筒状花。日本有些地方有在女孩出生之时种梧桐，待出嫁时用该株梧桐做柜子陪嫁的习俗，所以**桐纹**象征着祈求孩子茁壮成长的心愿。此外，桐纹不仅可以单独描绘，还多与栖于桐林之中的凤凰组合出现。

其他象征：出人头地、天下太平
备注：桐纹还被用作签证、护照等文件的装饰。

竹纹

绘有竹子。竹子生长速度快、生命力旺盛，所以象征着祈求孩子健康成长的愿望。此外，竹笋形似男性生殖器官，破土而出后会逐渐生长出空洞，似女性子宫，所以人们认为竹子兼备阴阳特性，与男女和合相通。《古事记》记载：由竹叶和盐制成的竹盐有驱魔的功效。

其他象征：除灾免难、神佛加护、男女和合、技艺精进
备注：仅绘有竹叶的纹样叫作竹叶纹。

石榴纹

绘有石榴。石榴多籽，故象征多产。此外，传说诃梨帝母吞食小孩，释迦牟尼给了她一个石榴，教导她勿食人肉，后来诃梨帝母成了鬼子母神，所以**石榴纹**还寄托着祈求得子、儿童茁壮成长之愿。石榴纹也可见于中国陶器之上。

其他象征：祈求平安生产（分娩）
备注：鬼子母神多被描绘为手拿石榴的姿态。石榴石也是因颜色与石榴相近而得名。

鸬鹚纹

绘有《鸬鹚渔夫》中出现过的水鸟鸬鹚，《鸬鹚渔夫》至今都被公认为水边的风物诗。鸬鹚能轻易地将鱼囫囵吞下或完整吐出，所以象征着平安生产。《日本书纪》中也记载过丰玉姬生孩子时，在产房屋顶上铺了鸬鹚羽毛的情节。鸬鹚图案一般很少单独使用，多与沙洲海滨、波浪等组合出现。

其他象征：祈求平安生产、学业有成、恋爱成功

犬纹

绘有犬。犬的嗅觉、听觉发达，再小的动静都能觉察，所以人们认为犬可驱魔，神社则将**犬纹**绘成狮子狗的形状。另外，犬的分娩过程十分顺利，日本自古就有"束带顺产祝贺"的习俗，即产妇于戌狗之日在腹部束保胎带以祈求平安生产，犬逐渐成了平安生产的守护神。

其他象征：消灾免难

鳉鱼纹

绘有鳉鱼。鳉鱼在日语中写作"目高"，据说侧面看过去鳉鱼的眼睛大得从身体上凸出去了，因此得名"目高"。江户时代就产生了鳉鱼纹，颇受庶民喜爱。不限于鳉鱼，人们将鱼类产卵多看作多子多福、子嗣绵延的象征。**鳉鱼纹**多见于陶瓷器、织物等。

其他象征：祈求考试合格、学业精进、家庭美满

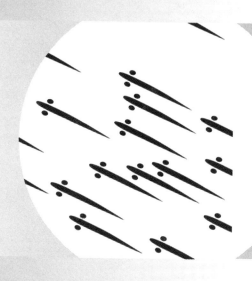

万虫纹

绘有各种虫子的集合。虫子产卵多，象征多子、子嗣绵延，故被绘成纹样。**虫纹**常与多籽的瓜组合出现。此外，台北故宫博物院的《翠玉白菜》中，白菜象征着纯洁无垢，菜叶上的稻蝗和螽斯则象征着多子多孙。

其他象征：祈求平安生产

犬筥纹

绘有模仿犬的造型制成的可爱装饰品——犬筥。犬筥为和纸制品，又名"纸糊狗"。人们认为犬筥源于狮子、狮子狗，可以驱邪、守护儿童成长，多将其置于枕边，所以犬筥又名"守夜犬"。有的地方还有用犬筥装饰女儿节人偶坛的风俗。

其他象征：防止噩梦、驱邪

唐子纹

绘有唐子。唐子是指仅在脑袋左右两边留少许头发，其余毛发全部剃掉，并身穿唐装的孩子。**唐子纹**是从中国传入日本的纹样。绘有九十九个唐子的**百唐子纹**象征子嗣绵延，多见于婚礼用品、屏风、家具等。

其他象征：家运兴旺
备注：疫神社（日本冈山县）有供奉神佛的唐子舞表演。

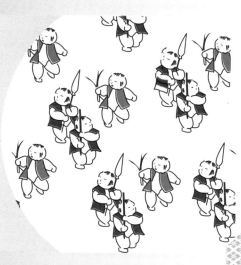

麻叶纹

以正六边形为基础的几何纹样，因形似大麻叶而得名。如今大麻属于危险的毒品，但在过去大麻茎被做成纤维，果实则用作药品。大麻生长速度快，其茁壮成长的样子象征着父母希望子女健康成长的心愿。

其他象征：祈求平安生产
备注：以麻叶纹为神纹的神社遍布日本各地，如大麻比古神社（德岛县）、忌部神社（德岛县）、麻贺多神社（千叶县）等。

祈求考试合格的纹样

人们通过学习各种技术，才能激发潜在能力。而测试技术是否达到一定水平的各种考试并非现代社会的专利，从古代起世界各国就有了考试。在日本，"天神信仰"在考试合格祈愿中较为有名，这是一种将生于平安时代的菅原道真作为神明来祭拜的信仰。而菅原道真喜爱的梅也就自然成了祈求考试合格的意象。另外，中国有鲤鱼跃龙门的传说，讲的是鲤鱼游过瀑布变身为龙的故事，因此鲤鱼和龙也被视为祈求考试合格的意象。此外，通过学校、职场考试自然意味着时来运转、走上升迁之路，因此祈求考试合格的纹样中还包括与升迁发迹、出人头地相关的纹样。

蕨纹

绘有早春长出拳头状卷曲嫩芽的蕨菜。仅描绘蕨菜新芽卷曲状图案的纹样名为**蕨芽纹**，多见于铜铎、壁画。奈良时代曾有将刀柄头铸成蕨菜芽卷曲状的大刀，所以蕨菜与武士的渊源深厚。此外，蕨菜即便在背阴之处也能茂盛生长，并通过飞散孢子完成繁殖，这些特性使其被寄托了人们的各种心愿。

其他象征：开运招福、子嗣绵延
备注：礼金袋封面上写的"のし"与蕨菜形状相似。

梅纹

绘有梅花。梅花是春季开花最早的花，《万叶集》中也多次咏叹梅花。此外，因菅原道真喜欢梅花，人们便认为梅花种子是天神寄居之所。随着天神信仰的传播与扩大，人们逐渐将梅花视为"学问之神"的象征，因此，天神的神纹也选用了**梅钵纹**。此外，日语中"梅"与"产"读音相同，所以梅花还象征着祈求平安生产的心愿。

其他象征：祈求平安生产、祈求考试合格、学业有成

鸡冠花纹

绘有鸡冠花。鸡冠花因花朵形状与鸡冠相似而得名，别名"鸡头"。**鸡冠花纹**包含着与鸡相关的各种吉祥之意。在鸡冠花全盛之时将花朵摘下，干燥后可做药材，此外鸡冠花种子也能入药，所以鸡冠花纹还象征着无病无灾。

其他象征：出人头地、学业有成
备注：山梨县还有鸡冠花神社。

鸡纹

绘有鸡。汉语中鸡冠的"冠"与"官"读音相同，所以鸡与做官、出人头地相关，被视为升迁发迹的象征。此外，人们还认为鸡与儒教的"五常"——仁、义、礼、智、信相通。在日本，鸡一般都饲养在庭院，所以鸡在日语中读作"NIWATORI"，有"饲养在院子里的鸟"之意。母鸡保护雏鸡，所以鸡还象征着祈求家庭美满之意。

其他象征：家庭美满

鹭纹

绘有生性爱在水边生活的鹭鸶。鹭鸶自古便被视为神鸟，"鹭舞"这一源于鹭鸶的日本七夕神事活动一直保留至今。汉语中"鹭"与"路"发音相近，所以在日本人们认为鹭鸶与"一路荣华"相通，象征着升迁发迹的心愿。津和野弥荣神社（日本岛根县）的鹭舞是日本著名的重要非物质民俗文化遗产。

其他象征：恋爱成功

鹌鹑纹

绘有鹌鹑。鹌鹑叫声听起来像日语"御吉兆"的发音，因此被视为吉祥之鸟，并绘成纹样。鹌鹑会在小米成熟时结群，所以日本多将鹌鹑与小米组合描绘，象征硕果累累。此外，古代中国有鹌鹑变身凤凰的传说，所以**鹌鹑纹**还象征着出人头地。

其他象征：五谷丰登、开运招福
备注：大福饼的原型为室町时代的鹌鹑饼。

鲤鱼纹

绘有鲤鱼。日本有一个"六六变九九"的传说故事：
传说鲤鱼从头至尾共有 36 片鱼鳞，越过瀑布的话
就会增加到 81 片，因此鲤鱼便成为出人头地的象
征。鲤鱼自古以来都含有出人头地、晋升之意。另
外，中国有鲤鱼逆流游过瀑布，跃龙门变身为龙的
传说，所以鲤鱼多与瀑布组合出现。

其他象征：心想事成

云纹

绘有飘浮在空中的云。从前喷涌而出的云被称为
"云气"，人们认为云气大小、形状与运气相关，可
占卜吉凶，便将众多心愿寄托于云气之上。日本人
认为极乐世界位于云层之上，因此云便成为未来永
久的象征，被描绘成各种纹样。代表性的**云纹**有云
珠纹、灵芝云纹等。

其他象征：心想事成、开运招财

蹄铁纹

绘有蹄铁，又名**马蹄纹**。蹄铁是一种钉
在马蹄上的"U"形马具。在日本，马
具、武具与武运、出人头地相通，象征
着升迁发迹等吉祥之意。最近，人们还
结合欧美认为钢铁具有灵力的传统，认
为蹄铁还与恶灵退散、荣华富贵相关。
蹄铁纹常见于各种和式小物。

其他象征：恶灵退散、荣华富贵

帆巴纹

将船帆描绘成"巴"形的纹样。关于"巴"字的来源众说纷纭：有人认为"巴"字源于中国古代表示勾玉的象形文字，也有人认为"巴"是以拉弓射箭时用的护臂皮套为原型。此外，由于**帆巴纹**是八幡神的神纹，所以人们认为帆巴纹有祈求一番风顺的含义，寄托着人们祈求考试合格的愿望。帆巴纹深受武将喜爱，多见于武具、马具。

其他象征：武运长久

辔唐草纹

以杏叶辔为基础，并加入唐草元素的纹样。杏叶辔是一种把辔头镜板部分做成杏叶形的马具。中世至近世期间，很多公家成员都将**辔唐草纹**绘于宫中制服上，辔唐草纹也因此成为颇具代表性的有职纹样，象征着升迁发迹。

其他象征：荣华富贵

文殊菩萨纹

绘有文殊菩萨。文殊菩萨梵名 maJjuzrii，又名妙吉祥菩萨，是智慧之神；右手持能斩断犹豫的宝剑，左手持教授智慧的经卷，通常会以端坐的姿态出现。兴福寺东金堂（日本奈良县）文殊菩萨坐像、安倍文殊院（奈良县）的文殊五尊像为**文殊菩萨纹**的常用意象。

其他象征：开运招福
备注：谚语"三个臭皮匠，赛过诸葛亮"对应日语中为"三人寄れば文殊の知恵"，字面意思为"三个凡人的智慧加在一起抵得上文殊菩萨的智慧"。

穿在身上的祝福：和式纹样的爱与美

昨鸟纹

绘有凤凰、长尾鸟等衔着花枝、宝物的纹样，又名**含授鸟纹、衔花鸟纹**。**昨鸟纹**被视为祈求考试合格、招来幸运的纹样，古今中外备受各领域的人们欢迎。据说昨鸟纹源于波斯帝国萨珊王朝，经丝绸之路传入日本，其代表性意象也被收藏于正仓院宝物之中。

其他象征：心想事成

毗沙门龟纹

龟纹的一种。用三个龟纹组成"山"形，并以此为基础图案连续组合而成。传说毗沙门天穿的铠甲上绘有该纹样。毗沙门天又名多闻天，是著名的战胜、必胜之神，所以**毗沙门龟纹**也象征着人们与胜利相关的众多心愿。

其他象征：心想事成

松皮菱纹

绘有被剥下来的松树皮。关于**松皮菱纹**的起源，有人认为是以**沙洲海滨纹**为原型演变而来。沙洲海滨纹描绘的是仙人指居蓬莱山中的海滨。也有人认为该纹样是由菱形重叠交错而成的。但不论是持哪种说法的人们都认为松皮菱纹象征吉祥，与成功相关。该纹样也因此深受众多武将喜爱，多用于武具、马具及家纹等。松皮菱纹还有祈求升迁发迹之意。

其他象征：武运长久

祈求技艺精进的纹样

在日本，既然有保佑考试合格、学业有成的神明，自然也少不了保佑诗歌、文笔、手工艺、绘画、音乐等各种技艺日益精进的神明。其实，优美的音乐、笑声、纺织品等手工艺品、用心烹饪的菜肴等，都可以作为祈求神佛保佑而供奉的供品。也许演奏用的乐器、纺织必不可少的纺车、写诗所用的笔墨纸砚等工具里都蕴含着神奇的力量，所以人们才将希望技艺精进的心愿寄托于这些物品上，并将其绘成纹样。自古以来，拥有一技之长不仅有助于喜结良缘，还有助于出人头地。祈求技艺精进的心愿应该也和上述愿望有一致之处吧。

红叶纹

绘有被称为红叶的枫叶或枫树。枫叶形似鸡冠，象征出人头地，深受希望夺得天下的武家所喜爱。此外，枫叶多与鹿组合出现在纹样中，这是因为枫叶变红时节正好是鹿的恋爱季节，所以**红叶纹**还象征恋爱成功。

其他象征：恋爱成功

桃纹

绘有桃子。中国神话《西游记》中，桃树是种在女神西王母的蟠桃园里的植物，西王母手持线桃子，象征技艺精进。此外，日本《古事记》中有用桃子驱散恶灵的神话，所以桃子被视为灵果，有各种吉祥寓意。

其他象征：延年益寿

水仙纹

绘有即便在严寒中也能清香四溢的水仙。水仙一名源于中国"天有天仙、地有地仙、水有水仙"的典故，人们将该花盛开在水边的姿态比作水中仙人。日语中将中文"水仙"二字直接音读，取名"水仙"。水仙被视为象征出人头地的吉祥之花。

其他象征：防止自满、神佛保佑

老松藤纹

绘有松与藤的组合。藤蔓缠绕于老松之上的情景在现实中也可以见到，人们认为该情景象征着敬仰师傅的徒弟、关系融洽的夫妻等，所以与技艺精进、夫妻美满等吉祥之意相通。顺便补充一句，老松不仅指树龄悠久的松树，还指树形出众的松树。

其他象征：夫妻美满、恋爱成功
备注：福冈县有很多以"老松"命名的神社。

鹦鹉纹

绘有鹦鹉。鹦鹉是一种颇具异国风情的鸟，在《日本书纪》中也出现过，且正仓院收集的宝物上也绘有**鹦鹉纹**。鹦鹉善于学人说话，所以寄托着人们希望技艺精进、学问精进之愿。鹦鹉纹中较为有名的纹样有相向鹦鹉纹，这是一种绘有两只鹦鹉面对面的圆形纹样。

其他象征：祈求能言善辩、恋爱成功

雪华纹

绘有雪的结晶——雪花，又写作**雪花纹**。古人发挥聪明才智，发现**雪华纹**可以使夏天倍感清凉，所以雪华纹常与动植物搭配出现，比起冬季，更多用于夏季和服、腰带、浴衣，以及各种小物件、餐具之中。雪华纹在众多纹样中仍有出类拔萃的美丽，所以象征着技艺精进。

其他象征：五谷丰登、技艺精进、学业有成
备注：据说雪华纹源于《雪华图说》。《雪华图说》是由江户幕府的老中（职位的一种）土井利位在显微镜下观察雪的结晶并描绘而成。

摇鼓纹

绘有铃鼓，故又名**铃鼓纹**。铃鼓因里面装有铃铛，可边摇晃边发出热闹的声音而得名。由于摇鼓用于舞乐，所以象征着技艺精进。此外，摇鼓源于藏传佛教僧人所持的手鼓，因此**摇鼓纹**还象征着神佛加护。

其他象征：神佛加护、未来永久、恋爱成功
备注：歌舞伎剧目《京鹿子娘道成寺》中也用到了摇鼓。

琴纹

绘有琴。由于包括琴在内的所有乐器音色优美、形状雅致，又与神话传说密切相关，所以**琴纹**不仅象征着技艺精进，还有神佛加护之意。此外，中国将琴视为琴仙的象征。相传琴仙是弹琴高手，通仙术，活了八百年之久，所以琴纹还象征着延年益寿。

其他象征：延年益寿、神佛加护
备注：日光东照宫（日本枥木县）的阳明门上还雕刻有乘着鲤鱼的仙人琴高。

诗笺纹

绘有诗笺。人们至今都认为诗笺是在七夕节用来写心愿的，但其实诗笺原本只是草稿纸。由于后来被用来制作和歌会上抽题目的签，人们开始在上面写和歌，最终演变为写和歌用的细长诗笺。因此**诗笺纹**象征着技艺精进。

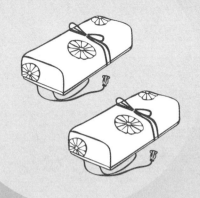

砚台盒纹

绘有砚台盒。这里的砚台盒不是中小学常见的那种盒子，而是施以莳绘的砚台盒。古代日本有七夕清晨整理砚台盒，并将用芋头叶收集来的露水滴入砚台中研墨习字的风俗。**砚台盒纹**与该习俗相关，象征着技艺精进。该纹样颜色鲜艳，常见于女性出席喜庆场合时穿的和服、腰带等。

其他象征：祈求文采斐然

线桄子纹

绘有麻线球等图案的纹样的总称。麻线球是把纺织过程中用到的纬线绕在框子上而成的。线桄子不仅是手工业时代必不可少的生活用品，还与七夕、织女相关，所以是象征技艺精进的代表性意象。此外，在中国神话中，线桄子还与西王母密切相关。

其他象征：恋爱成功

楮叶笔纹

绘有楮树树叶和笔的组合。在七片楮树叶上写和歌是古代七夕重要的祭祀活动。这是因为人们视楮叶为神力寄宿的神圣之叶，在楮叶上写和歌，寄托了人们祈求文思泉涌，下笔如有神助的心愿。该纹样至今仍被用在浴衣上。

其他象征：神佛加护
备注：楮纹是日本信州诹访大社的神纹。

飞天纹

绘有飞天。飞天是指居于天界，游散于诸佛身边保护他们的天人。**飞天纹**一般都会描绘飞天着羽衣、奏乐，在漫天飘舞的芬芳花雨中优雅起舞的风姿，所以又名**天人乐纹**、**天女纹**。其优美的舞姿寄托了人们向往极乐往生、祈求美貌的心愿。常见于佛具、挂轴。

其他象征：极乐往生、祈求美貌

迦陵频伽纹

绘有迦陵频伽，又名**妙音鸟纹**、**好声鸟纹**。迦陵频伽是佛教中的虚构鸟类，上半身为人，下半身为鸟，叫声动听。印度还将其供奉为音乐之神。因此，**迦陵频伽纹**象征着艺术精进，多绘于女性和服、腰带之上，四季通用。另外，日本丰前市（福冈县）的岩窟内还有绘于平安时代的迦陵频伽岩画。

其他象征：演出成功

香图纹

又名**源氏香纹**，绘有猜香名游戏中辨香、闻香用到的解答符号。每一个符号都与《源氏物语》中的故事相关。辨香是一种高雅游戏，与文学密切相关，象征着技艺精进、荣华富贵。**香图纹**深受江户时代武家女性的喜爱。

其他象征：荣华富贵、恋爱成功

祈求生意兴隆的纹样

虽说树大招风，拥有的东西太多就易招他人嫉妒、怨恨，但不论什么时代，人们总希望穿高价华丽的服饰、吃高级美食、接触美好事物、享受奢华生活。祈求生意兴隆、荣华富贵的心愿来源于人类无尽的欲望。含有此类寓意的和式纹样大多绘有达官显贵的财富标志，以及当时的奢侈品。从风水上来说，黄色、金色与财运上升有关，所以祈求生意兴隆、荣华富贵的纹样多绘有黄色、金色之物。此外，还有由谐音、双关而来的纹样，反映了当时庶民即便面对令人束手无策的现实也毫不悲观，坚信美梦会成真的顽强心态。

银杏纹

绘有银杏。银杏又名"公孙树"，树龄长，在长成大树的同时，扇形叶子的边缘也会逐渐扩大。银杏叶秋天会变成金黄色，象征生意兴隆等各种吉祥之意。此外，神社等处还将银杏视为神木，而日本全国各地也有很多"育儿银杏"。所以**银杏纹**不仅能绘在和服、腰带之上，还被用作神纹、家纹。

其他象征：祈求孩子苗壮成长

棣棠纹

绘有日本各地很常见的棣棠。棣棠花颜色金黄，所以被视作吉祥之物。此外，《万叶集》中也咏叹过棣棠，因此棣棠在日本自古便很受欢迎。棣棠多与其他花草、流水组合出现，是春季的代表意象。

其他象征：出人头地、武运长久、财运上升
备注：风水学认为与棣棠花颜色相同的钱包能提升财运。

牡丹纹

绘有人称"百花之王""花王"的牡丹。牡丹根有药效，自古便被广泛栽培。牡丹年年都会开出大而鲜艳的花朵，并且佛教中也将其视为子孙绵延的象征，所以牡丹承载了人们祈求荣华富贵的心愿。平安时代的有职纹样中也有**牡丹纹**。

其他象征：子孙绵延、无病无灾

福寿草纹

绘有福寿草。福寿草于农历新年左右开花，又名"元日草"。中国古代人们认为福寿草花朵的颜色象征着财运上升，而日本也自江户时代起就培育出很多福寿草园艺品种。日本新年会用福寿草装饰壁龛，所以福寿草被视为福寿的象征。此外，福寿草根有药效，所以它还象征着延年益寿。

其他象征：延年益寿、财运上升

蝙蝠纹

绘有蝙蝠。蝙蝠又名"食蚊鸟"，捕食蚊子，是一种对人有益的生物。汉语中蝙蝠的"蝠"字与"福"读音相同，象征着幸运、得子。此外，传说蝙蝠是由百岁老鼠变身而成的，所以蝙蝠还是长寿的象征，被绘成各种纹样。

其他象征：子孙绵延、无病无灾、消灾免难

金鱼纹

绘有金鱼。室町时代，金鱼由中国传入日本，直到江户时代前期，金鱼一直都是庶民难以接触到的珍贵之物，金鱼因此得名，并被视为是荣华富贵的象征。此外，在中国，金鱼被收入八宝纹之中，其读音与"金余"（金钱绰绰有余）读音相同，所以象征着财运上升。

其他象征：开运招福
备注：在中国，人们认为在正门口养金鱼可以招来贵客。

穿在身上的祝福：和式纹样的爱与美

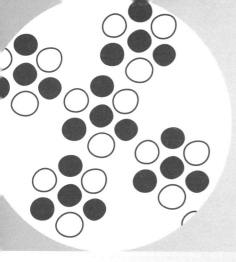

星纹

绘有星星。平安时代盛行依靠天文算命的阴阳道，以及崇拜北极星、北斗七星的妙见信仰。人们开始将各种心愿寄托于星宿之上，将其绘成各种纹样。当人们用圆形替代星星时会用"曜"字表明这里的圆形代表星星。牛车上绘有**九曜纹**，以祈求一路平安。

其他象征：驱邪、一路平安、延年益寿

锁子钥匙纹

绘有锁和钥匙。为防止财产、贵重物品失窃，日本于江户时代末期开始普遍使用锁和钥匙。之后人们视锁和钥匙为富贵的象征，将其绘成纹样。很多以锁、钥匙为图案的家纹一直保留至今。此外，锁、钥匙被视为吉祥之物，还被收入**万宝纹**之中。

其他象征：驱邪

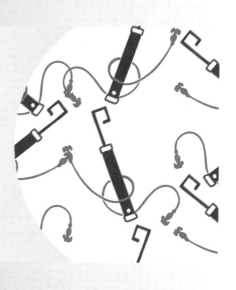

宝纹

绘有人们视若珍宝的贵重物品。中国有描绘八仙所持之物的**暗八仙纹**，依据佛教经典集齐八种吉祥之物的**八宝纹**等。这些纹样传入日本后，人们对其进行本土化改造，到了镰仓时代，便诞生了**宝纹**。由于宝纹集中绘有多种宝物，所以又称**万宝纹**。

其他象征：开运招财、财运上升、消灾免难

桧扇纹

扇纹的一种，绘有由细长的薄桧木片制成的桧扇。桧扇气味芬芳，被用作平安时代贵族的装饰品。桧扇打开后呈八字形，象征着"逐渐扩展""走向繁荣"。桧扇一般很少单独出现，多与当季花草搭配，构成艳丽的纹样，常见于婚礼。

其他象征：开运除灾、恋爱成功

琵琶纹

绘有乐器琵琶。琵琶为弁才天（又写作弁财天）所持乐器，所以与弁才天所象征的各种含意相通。弁才天为古印度水神，相传为萨拉斯瓦蒂变身而成，原本被奉为辩舌、学艺、智慧之女神。自江户时代起，"才"字改为"财"字，弁才天也成了财运、金运的象征。

其他象征：技艺精进

招财猫纹

绘有抬起前脚作招呼状的猫咪摆件。从前，人们认为猫抬起右前爪为招财运，抬起左前爪为招人招客，因此将其视为吉祥之物。商人之家多装饰有招财猫，以祈求生意兴隆。关于招财猫的来源众说纷纭，据说源于中国"猫洗面过耳则客至"的典故。

其他象征：开运招财
备注：起源于招财猫的寺庙遍布日本各地，其中以豪德寺（东京都）最为有名。

福竹纹

绘有福竹。福竹是细竹上装饰有小判（日本江户时期通用金币的一种）、铃铛、葫芦、阿多福（日本传统面具）、惠比须（日本神话中的财神）而成的吉祥之物。细竹向天而生，生命力强，而小判、铃铛、葫芦、阿多福、惠比须等则被称为"吉兆"。福竹与惠比须信仰有关，关西一月十日"十日戎"上也装饰有福竹。人们认为福竹含有各种吉祥之意，便将其绘成了纹样。

其他象征：开运招福

七宝连纹

将大小相同的圆形的四分之一部分重叠、连接而成的纹样。圆形象征圆满，而名字中的"七宝"则指佛教经典中的七种宝物——金、银、琉璃、珊瑚、玛瑙、水晶、千年大砗磲。所以**七宝连纹**自古就被视作美丽而吉祥的纹样。多见于景泰蓝、伊万里瓷器等。

其他象征：家庭圆满

十二章纹

是中国古代帝王的冕服（古代帝王举行重大仪式所穿的礼服）上绘制的图案，后传到了日本。十二章纹上绘有与儒家思想相关的日、月、星、山、龙、藻等十二种图案。这些纹样同时还与阴阳五行之说相关，所以包含着各种吉祥之意，是荣华富贵的象征。今天常见于寺院、婚礼、庆典场合。

其他象征：开运除灾、护国报恩、五谷丰登

祈求心想事成的纹样

　　每个人都有不同的心愿。人有多少心愿，神
的数量就有多少。因此，包括地藏菩萨在内的诸
神的数量是无尽的。不少纹样都是作为一种祈愿
的形式而产生的。与万事如意、心想事成相关的
纹样中使用了众多意象，如与神佛相关之物、节
日祭祀之物，以及与动植物的名字与习性相关之
物等。下面不仅会介绍自古流传下来的纹样，还
将介绍古时候所没有的现代纹样，如祈求恋情顺
利、破镜重圆等的纹样。

酢浆草纹

绘有城市里常见的酢浆草。日语中酢浆草写作"片喰"，但因酢浆草叶和茎中含有有机酸，故又写作"酢浆草"。古时候人们因酢浆草中有有机酸成分而用其擦镜子，所以酢浆草又名"镜花"，象征着祈求貌美如花的愿望。有不少家纹都以酢浆草为图案，据说酢浆草的三片叶子象征慈悲、智慧、德行，因此深受武将喜爱。

其他象征：祈求美貌

夕颜花纹

绘有夕颜花的花朵、茎、果实。花如其名，夕颜是一种傍晚开花的植物，剥去果实干燥后便是葫芦干。葫芦干富含食物纤维和矿物质，有美肤的功效。此外，《源氏物语》中登场的夕颜也是美人的象征，所以**夕颜花纹**中饱含了人们祈求容颜美丽如花之愿。

其他象征：祈求美丽的肌肤

蔷薇纹

绘有蔷薇。蔷薇四季开花，又名"长春花"，象征身体强健、长生不老。人们很容易误以为**蔷薇纹**是一种新纹样，但其实早在江户时代日本便流行培育蔷薇，蔷薇还以"茨"之名在《源氏物语》中出现过。蔷薇纹色彩艳丽，多用于女性和服、腰带。

其他象征：除灾免难、疾病痊愈
备注：松尾寺（奈良县）、小房观音（奈良县）都是以蔷薇闻名的地方。

狐纹

绘有狐狸。日本认为狐狸居于村落，与人类熟识，所以将其视为稻荷神的化身。稻荷神社摆的不是狮子狗石像，而是狐狸塑像。狐狸被视为稻荷神信仰的象征，包含了守护桑蚕（除鼠害）、生意兴隆、五谷丰登、赐子等多种吉祥之意。**狐纹**多与鸟居、稻等图案组合使用。

其他象征：守护桑蚕（除鼠害）、五谷丰登、夫妇和合

牛纹

绘有牛。在欧洲的雕塑中牛多与马一同出现。而日本**牛纹**的出现与佛教的传入有关，随着佛教的传播，牛开始出现在仪式、祭礼上，并逐渐被描绘成纹样。其中，天满宫的卧牛被视为天神信仰的象征，含有疾病痊愈之意。

其他象征：疾病痊愈

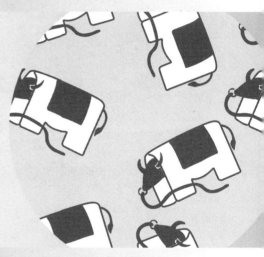

猫纹

绘有猫。《枕草子》中出现过猫，所以人们一般认为猫于平安时代之后作为一种宠物自中国传入日本。小猫的各种可爱举止被绘成众多纹样。其中，人们认为黑猫、做举爪招人状的猫可以招徕客人，深受商人喜爱。还有的纹样仅以猫爪印为图案。

其他象征：生意兴隆、五谷丰登
备注：日本须崎市（高知县）还有猫神社。

蛙纹

绘有蛙。日语中蛙的读音与"归来""返回""改变""孵化"相同，含有各种吉祥之意。其中，蛙与池中畅游的鲤鱼组成的**鲤蛙纹**、蛙与小石子组成的**小石蛙纹**均含有破镜重圆之意。这是因为日语中"鲤鱼"的读音与"恋爱"相同，而"小石"的读音与"恋慕之心"的读音相近。

其他象征：祈求破镜重圆

鳗纹

绘有鳗鱼。自江户时代起，人们便认为鳗鱼有补充精力、防止酷暑身体虚弱的功效，会在入伏前 18 天食鳗鱼。**鳗连纹**是一种绘有烤鳗鱼串的纹样，据说即便不吃鳗鱼，只要穿着绘有该纹样的兜裆布就寝，就会不可思议地变得精力旺盛，有利于得子。此外，鳗鱼活泼有力的特性还象征着生意兴隆。

其他象征：补充精力、夫妇和合

鲶纹

绘有鲶鱼。鲶鱼居于泥沼，昼伏夜出。日语中"夜目"与"新娘""读"的读音相似，所以人们认为鲶鱼象征着娶亲、生意兴隆等吉祥之意。此外，鲶鱼还能感知地震，所以自江户时代安政大地震以来，鲶鱼多被用作玩具、图盘纹样。

其他象征：除震、祈求良缘、生意兴隆

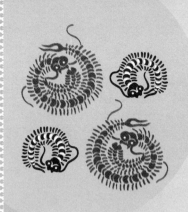

蜈蚣纹

绘有蜈蚣。日本民间疗法中自古将蜈蚣油用作创伤药，而将蜈蚣干用作补药，这是因为人们认为蜈蚣是战神毗沙门的使者。此外，蜈蚣脚多，所以人们认为蜈蚣与"顾客络绎不绝""钱多"相通，自江户时代起便将祈求生意兴隆、客人络绎不绝之愿寄托在蜈蚣身上。

其他象征：客人络绎不绝、母性复苏
备注：日语中"御足"意为金钱，与"脚"读音相同。

蜘蛛纹

绘有蜘蛛。《日本书纪》中有意为"见蜘蛛织网，必有心爱之人到来"的和歌，逐渐产生了"晨蜘蛛为来客的前兆""早晨看到蜘蛛结网为吉兆"等传说，所以人们认为蜘蛛有召唤心爱之人的能力。蜘蛛网也常被绘成纹样。

其他象征：祈求等待之人早日归来

缠纹

绘有缠。缠原本为侍大将（古代日本的武家职位之一）在战场中所用的马标，自江户时代起被用作城镇消防队旗标。因此**缠纹**不仅象征武运长久，还有保护人们免受火灾侵害之意。缠纹漂亮华美，多见于浴衣、节日半缠（一种类似于棉袄的外套）、日式手巾等。

其他象征：消除火灾

谁袖香袋纹

绘有平安时代放入衣袖中使用的香袋——衣被香。江户时代称衣被香为"花袋""浮世袋""谁袖"等。出于谁袖香袋的缘故，人们认为拂袖有吸引对方之意，**谁袖香袋纹**也成了象征恋爱成功的纹样。谁袖香袋纹艳丽华美，至今多见于和服之上。

其他象征：结缘、恋爱成功

车轮纹

为应对天气干燥，绘有沉入水中的牛车车轮。在古代日本，牛车是贵族的交通工具，所以车轮纹象征荣华富贵、嫁入富贵之家。还有一种说法认为被胡乱丢弃的车轮封着即将变身为"独轮车怪"的妖怪。车轮纹多与流水搭配，给人以清爽之感，多用于春夏。

其他象征：嫁入富贵之家、封印妖怪

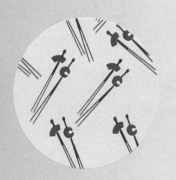

簪纹

绘有簪子。簪子是一种发饰的总称。古代日本认为尖头细长的棒中有灵力，便将其插在头上避邪。江户后期簪子被绘成纹样，据说这与簪子开始具有装饰功能有关。

备注：典型的簪纹有玉簪纹、花簪纹、流苏簪纹等。

骷髅纹

绘有骷髅，又名**曝尸荒野纹**。据说江户时代的日本，人死后尸体腐烂的景象十分常见，人们便将其作为书画的主题。之所以将其绘成纹样，想必是认为：谁都逃不开死亡、尸体腐坏化为白骨，最后风化归于尘土的命运，但灵魂可以永存，可以轮回转世。

其他象征：祈求轮回转世

日月纹

太极纹的一种。太极纹是一种以中国阴阳思想为基础，绘有阴阳相对本质的纹样。对极指日月、水火、男女、雌雄，二者既对立又共存，象征未来永久，被视为吉祥的象征。天皇家纹原本为日月纹，平安时代末期变为菊纹。日月纹广泛用于和服、器皿等。

其他象征：开运招福

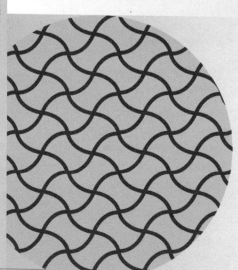

秤砣连纹

将秤砣图案的凸起和凹陷部分互相交错、连接而成的图案。由于**秤砣连纹**是由相同图案不断连接，并向四面传播扩展而成，所以象征着生意兴隆、财运上升。此外，**龟甲连纹**、**七宝连纹**、**轮连纹**等连纹也象征着吉祥。

其他象征：财运上升

穿在身上的祝福：和式纹样的爱与美

雏形本

雏形本是指绘有小袖、和服等的背面图、纹样名的木版印刷册子，又名"小袖雏形本""衣装雏形本"。一般一页绘有一件和服图案。

画师绘好图案，出版商将其印刷为雏形本发行，客人参照雏形本选择纹样，向衣料店下单定制服装。相当于现在的设计手册。

现存最早的雏形本为 1666 年发行的《御雏形》。光琳纹样（见 29 页）收录在《光林雏形　若见取》《光林诹访　雏形鹤之友》等书之中。

春夏秋冬与和式纹样

春季纹样

春天，动物从冬眠中苏醒，植物萌芽，是播种的季节。因此，以花草树木为中心意象的纹样能让人感受到春天。

绘有谷神寄居之木——樱花的樱纹是典型的春季纹样。千姿百态的樱花被绘成各种樱纹，如绘有樱花或盛开枝头、或瞬间凋零的花筏纹，绘有樱花、流水组合的樱川纹等。

春季纹样的特征在于如女子一般可人。

"和"的意境讲究重视四季变换，为了既不损失季节变化之感，又可全年通用，人们费尽心思，设法将其他季节元素融入春季纹样中，如将樱与枫搭配，组成樱枫纹。

节日与庆典

春天的代表性节日为三月初三女儿节（桃花节）。在古时候的日本，三月初三要饮泡有桃枝的药酒，到野外采野菜，吃母子草、艾蒿等制成的草团子。还会举行一种在人偶身上抹上污秽，并将其放到水里冲走的仪式，有的地方还会赶海。

而五月初五端午节则要装饰香荷包，做粽子、槲叶粘糕，喝泡有菖蒲的药酒，泡澡驱邪。

樱纹

萤纹

夏季纹样

夏天新绿耀眼，是一个能让人感受到植物生长的季节。但日本夏季高温多湿，还有梅雨，总让人有一种湿漉漉的烦闷之感，同时也是一个容易身体不适的时节。

因此，大部分夏季纹样都希望能给人带去一丝清凉之感。

代表性夏季纹样有绘有水流的流水纹，源于雪花结晶的雪轮纹、雪华（花）纹，绘有萤火虫漫舞于小河之上的萤纹等。

另外，与春季纹样相比，夏季纹样的描绘风格更加清秀、清爽。此外，夏季纹样中还有以海洋生物为基础的纹样，其构图之大胆甚至不逊于夏日的骄阳。

节日与庆典

七月初七为七夕节。七夕至今都被视为牛郎星与织女星的节日，但在古时候则被称为"乞巧节"，以祈求女性针线活、纺织手工艺日益精进。

还有一种说法认为七夕节还与佛教的盂兰盆会有关。七夕节之所以会装饰细竹，是因为人们认为细竹是祖先灵魂的依附之物。

秋季纹样

秋天是成熟、收获的季节。秋天，日本各地都盛行庆祝丰收的秋祭。

因此，能让人感觉到秋天的秋季纹样多绘有果实压弯枝头的景象，如稻纹、栗纹。

桔梗纹、瞿麦纹、女郎花纹等以七大秋草为意象的纹样自不必说，秋草纹、红叶纹、芒草纹、银杏纹等也是秋天的代表性纹样。

描绘即将枯萎之物象征着与生告别，进入下一个生命轮回，饱含幽寂之意，是典型的日式纹样。

节日与庆典

九月初九是重阳节（菊花节），但恐怕很多现代人早已忘记了吧。在古代，九月初九要登山、饮菊花酒，并将端午节装饰在墙上的香荷包换成茱萸袋。人们认为九月初九是驱邪和祈求延年益寿之日。另外，有的地方还会在当天煮栗子饭、小米饭等，以庆祝丰收。

桔梗纹

松竹梅纹

冬季纹样

冬季是萧瑟的季节。树叶落尽，在山野上四处奔跑的动物们进入冬眠，湖泊池塘结冰，大地被白雪覆盖。古人们在冬季会停下忙碌了一年的双手，满怀对来年的期望准备迎接新年。

冬季纹样有十二生肖动物纹，以及狮子纹、龙纹、凤凰纹、龟鹤纹等与神佛相关的纹样。还有绘有梅花的纹样，如松竹梅纹，绘有梅和黄莺组合的梅莺纹。此外还有描绘儿童玩具的纹样。

另外，由于新年也在冬季，穿和服的人相对较多，所以冬季还是四季之中最能让人留意到日式纹样的季节。

节日与庆典

"五节"来源于阴阳道。阴阳道认为奇数为阳数，奇数重合之日象征喜庆并予以庆祝，于是便产生了五节。但人们认为一月一日元旦属于特例，便将一月七日称为"人日"，定为五节之首。日本有在一月第一个子日摘嫩菜，并到乡野玩耍的习俗。据说这一习俗至今都与喝"七草粥"以祈求驱邪、保健康的习俗有关。

和式纹样与浴衣

浴衣始于平安时代。贵族们洗蒸汽浴时，为防止水蒸汽烫伤身体，会穿一层叫作"汤帷子"的单衣，这便是浴衣的雏形。顺便说一句，帷子指的是麻质单衣，平安时代认为棉比麻更高级，所以外衣下边穿的衬衣、衬裤、内和服等多为麻质。

到了江户时代，帷子发展为出浴时穿的棉质和服，最终演变为我们今天常见的浴衣。

浴衣纹样没有固定惯例，但为了能让人在炎热的夏季一眼望去就倍感清凉，所以比起暖色更偏向于冷色调。一般会在白底、蓝底、藏青色底上绘有雪轮纹、秋草纹等。

与普通和服相比，浴衣方便穿着，衣料薄而不透，无需着和服长衬衣，只要套在贴身和服衬衣、衬裙上即可。

第五章

和文化孕育出的纹样

源于节日、庆典的纹样

随着生活现代化进程的加快，日本传统节日、庆典的身影已经完全淡出了人们的视线。取而代之的是日益盛行的情人节、圣诞节、忘年会等。

因此对于现代人来说，若不解开其起源、根源，怕是很难理解这些源于节日、庆典的纹样。例如，如果不了解由中国传入日本、祈求手工艺精进的乞巧节的话，怕是很难将楮叶笔纹、线桄子纹等七夕纹样与七夕节联系在一起。

透过这些源于节日、庆典并从古代流传至今的优美和式纹样，我们可以感受到日本这个众神聚居之邦的内心世界。

五节游纹

绘有五节的情景。五节是区分四季的阶段性节日，五节之日要举行传统的节庆仪式。五节指的是年历中月份、日期为重合的奇数的日子（现代日本的节日以阳历日期为准），包括一月七日（人日）、三月三日（上巳）、五月五日（端午）、七月七日（七夕）、九月九日（重阳）。**五节游纹**绘有儿童玩耍的姿态。

象征：荣华富贵、祈求儿童茁壮成长

连根松纹

绘有连根拔起的松枝，又名**子日松纹**。平安时代的日本，有"初子之日"（正月的第一个子日）为祭祀祖先而将松苗连根拔起移植回家中的习俗，**子日松纹**之名正是来源于此。还有说法认为门松也来源于这项传统。有一种新年装饰就是用白色和纸将松苗包起来，并在根部系上纸捻绳打结装饰而成的。时至今日，京都过新年时还会在门口摆放该装饰，用来招福。

象征：开运招福、晋升发迹、荣华富贵

七种纹

源于古时农历正月初七（人日）的节日纹样。一般绘有春季七草，即芹菜、荠菜、母子草、繁缕、宝盖草、蔓菁、莱菔（萝卜）。但有的七草纹描绘的则是平安时代日本皇庭庆典时食用的七草粥中所用的七种谷物，即米、粟、黍、稗、茵草、亚麻籽、红豆。

象征：无病无灾、家庭美满、晋升发迹

偶纹

源于农历三月初三的桃花节。古代中国认为三月初三为不祥之日，有在河中清洗身体，去除污秽的习惯，并于平安时代传入日本。当时还会举办各种宴会，但最终固定为用海水、河水等清洗身体、冲刷罪恶的"上巳之祓"。后来人们将污秽转移到代偶（人偶）身上，并将其放入河海中漂走，便形成了至今流传于各地的"漂偶人"的风俗。

象征：除灾免难、无病无灾

赶海纹

绘有农历三月初三的赶海庆典。据说赶海庆典源于用水冲洗身体驱邪，或是在水边漂流人偶驱邪的风俗。江户（东京旧名）多在芝浦、高轮、品川、佃岛、深船州崎等海滩举行赶海庆典。人们一大早乘船出海，等到各地海岸大潮退去，捡岸边的文蛤、蝾螺等。

象征：消灾免难
备注：文蛤汤为赶海节庆的美食之一。

赛马纹

源于农历五月初五端午节，绘有上贺神社（日本京都府）举行的"赛马神事"这一传统庆典。古代中国在农历五月初五人们会到山野里采草药，饮菖蒲酒驱邪。平安时代，该节日传入日本，逐渐由贵族至平民扩散开来。

象征：五谷丰登、荣华富贵

菖蒲插箭台纹

源于端午节，绘有菖蒲和风车的组合。农历五月初五，人们会把草药菖蒲挂在房檐下驱邪，或将其加入酒、汤之中。另外，菖蒲不仅有药效，而且日语中其读音与"尚武"相同，所以还与插箭台、胜虫（蜻蜓）、武具、马具等搭配描绘。

象征：子孙繁盛、武运长久

七夕纹

七夕指农历七月初七。**七夕纹**源于七夕节、七夕庆典，同时也是所有与七夕相关纹样的总称。奈良时代，日本宫庭会举行乞巧节庆典以祈求手工艺精进。据说七夕节就是由乞巧节和中国民间牛郎织女的传说等组合而成的。

象征：手工艺精进、恋爱成功、供养祖先

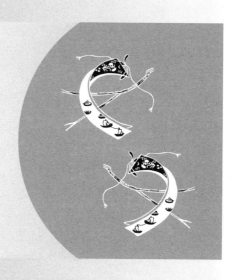

粟纹

源于九月初九重阳节。江户时代，重阳节是五节祭祀中最具社会性的节日。民间的重阳节同时还兼庆丰收，有食粟米饭、栗子饭的风俗，所以人们认为粟纹来源于此。九月初九又名"菊花节"，其代表性纹样为菊纹。

象征：五谷丰登、开运招福
备注：著名的女性守护神粟岛大明神（京都府）的神纹便是粟纹。

源于画谜、谐音的纹样

猜画谜在日语中写作"判画""悟画"，类似于猜谜，是日本江户时代的一种游戏。猜谜使用语言文字出题，而猜画谜的谜面则由看似与答案无关的图画、文字组合而成。英语中称其为"picture puzzle"。

日语中有很多同音异形词，很多画谜都利用了这一特点，通过图文组合出题、解谜，是一种让人乐在其中的文化娱乐活动。江户时代猜画谜盛行，人们创作了众多画谜。其中，谜底为召唤幸运的话语，或是与神佛相关的画谜还被广泛用作纹样图案，绘于服饰、烟具、和式小物件等众多物品之上。

琴茄子纹

绘有茄子和琴的组合。日语中"茄子"的读音与"成功"的"成"相同,"琴"的读音与"事情"的"事"相同。茄子与琴或是调整琴弦的琴柱组合与"成事"谐音,象征万事成功、祈求考试合格。**琴茄子纹**可谓是一种源于江户町民玩心的纹样。

象征:出人头地、五谷丰登
备注:据说新年的第一个梦梦到富士山、鹰、茄子分别代表"不死""富贵""成功"。

南天竹纹

绘有南天竹。日语中"南天"读音与"转变难关"读音相似,所以南天竹象征着任何困难最终都会转换为福气之意。人们自古就认识到南天竹果实有止咳的功效,所以认为南天竹象征着延年益寿,削南天竹做成筷子、护身符。**南天竹纹**也被绘于和服、腰带、莳绘、漆器之上。南天竹有时还会和其他动植物组合出现。

象征:消灾免难、开运招财

枭纹

绘有夜行鸮形目鸟类。日语中"枭"的读音与象征不受苦的"不苦劳",吸引幸福的"福来郎""福笼",老年生活富裕的"富来老"等各种吉祥单词谐音,所以包含了众多吉祥之意。此外,枭在黑夜中视力敏锐,传说可以预见未来,象征生意兴隆。而且日语中"夜目"与"嫁"谐音,所以**枭纹**还有祈求良缘之意。

象征:开运招福、生意兴隆、祈求良缘、延年益寿

胀雀纹

胀雀又名"寒雀""冻雀"。**胀雀纹**绘有寒冷之际，麻雀鼓起羽毛积攒暖空气御寒的姿态。日语中形容这种松软鼓起姿态的单词与"福良"谐音，所以胀雀被视为祈求繁荣的意象。胀雀纹十分可爱，是常见的千代纸图案。

象征：五谷丰登

鲷纹

绘有鲷鱼。日语中"鲷"的读音与表示"可喜可贺"之意的词语谐音，所以日本将鲷鱼视为供奉神佛之物，多见于喜庆场合。其中，以两条鲷鱼左右相对、首尾相接组成圆形的**鲷丸纹**尤为常见。此外，鲷纹也常与松、竹、梅、鹤、龟等组合描绘。

象征：开运招福

镰环奴纹

绘有镰刀、圆环、平假名"ぬ"的组合纹样。日语中该纹样的读音与"无妨"谐音，含有为救助弱小者，即便赴汤蹈火、舍生忘死也无妨的气魄，起初深受元禄时代的游侠喜爱，后来又深受歌舞伎演员欢迎。**镰环奴纹**至今仍是颇具人气的包袱皮、手巾图案。

象征：消除火灾

斧琴菊纹

绘有斧、琴、菊的组合纹样。日语中"斧琴菊"的读音与"闻善事"谐音，象征吉祥。**斧琴菊纹**是代表性的画谜纹样，至今仍用于手巾、小费袋、浴衣、和服腰带等。此外，斧琴菊纹还因深受歌舞伎演员三代目尾上菊五郎喜爱而闻名。

象征：开运招福

剑花桨纹

绘有剑、花、桨的组合纹样。日语中"剑花桨"的读音与"吵架吗"谐音，深受江户游侠喜爱，据说有人穿着绘有此纹样的服装劝架。因此，至今歌舞伎表演武生打斗的情景时的服饰都绘有此纹样。有时还会用贝壳代替桨绘入纹样。

象征：夫妻美满

松鲤纹

绘有松、鲤。日语中"松鲤"与"胜利"谐音。此外，鲤鱼雌雄关系和睦，绘有红鲤和黑鲤的双鱼纹象征夫妻美满。因此**松鲤纹**多绘有松树下瀑布奔流，双鲤跳跃的景象。

象征：武运长久、祈求胜利、夫妻美满

采藻舟纹

绘有水边泛舟采藻之景。日本画家森一凤曾以水边泛舟采藻为主题作画，于是便出现了"采藻一凤"一词。而日语中"采藻一凤"的读音与表示"只赚不赔"之意的词组谐音，所以**采藻舟纹**便被赋予了祈求生意兴隆之意。另外，采藻还是一种有名的神事，象征采摘生长于兴玉神石之上的"无垢盐草"。兴玉神石是一种与猿田彦神（古日本神祇）相关的神石。

象征：生意兴隆

葫芦驹纹

绘有日本谚语"葫芦中跑出马来"。该谚语意为事出意外、戏言成真。这里的"驹"指的是马，有时为图吉上加吉，还会在葫芦中画上九匹马（见188页），谐音"一切顺利"。

象征：生意兴隆

钟涌纹

绘有钟、云、岩、雨。日语中"钟涌"与"金涌"谐音，象征金钱翻涌、财运上升。另外，古代中国认为云端为神仙居住之所，降雨为神之厚德的体现。该纹样象征金钱一旦到手就会源源不断、滚滚而来，被视为吉祥图案。

象征：财运上升

犬竹纹

绘有犬与竹的组合。"笑"① 字由竹字头和犬字底构成，所以这是一幅绘有犬在竹笼中玩耍，或是绘有纸糊狗头戴竹笸箩的画谜。狗产崽顺利，而笸箩、笼子则有冲刷走疾病灾难之意，所以**犬竹纹**多用于褛褓、儿童的礼装，有驱邪之意。

象征：驱邪、消灾免难、祈求安产、无病无灾

① 笑的异体字为"笑"。——编者注

芥末升纹

将芥末种子绘成圆形，并在旁边或圆形中搭配量具升而成的图案。日语中"芥末升"组合起来的读音与消防的"消"读音相同。江户时代火灾频发，人们便将其视为消除火灾的吉祥图案。此外，升为衡量物品多少的量具，且在日语中与"增"的读音相同，所以象征金钱倍增，可单独用作纹样图案。**芥末升纹**是手巾、消防标志的常用图案。

大黑纹

绘有萝卜和老鼠。日语中表示"鼠食萝卜"词组的发音与"大黑"相似，所以该纹样便与大黑神所象征的吉祥之意相通。此外，萝卜根扎得越深价格越贵，所以**大黑纹**又有生意兴隆的寓意。而鼠被视为能预知自然灾害的灵性动物，早在《日本书纪》中就有记载，故象征除灾免难，两种图案都有各自的吉祥之意。

象征：开运招福、生意兴隆

江户时代的日本画谜

猜画谜这一游戏即便不识字也可以玩，在江户时期十分流行。猜画谜与猜谜类似，其特征在于谜面由看上去毫无关系的图案组成，生动地体现了江户人的玩乐之心。

画谜还被当成纹样意象，绘于服饰、烟具等诸多百姓平常的生活用品中。仔细观察绘有江户街景的浮世绘便会发现写有"猜画谜"的字号帘、招牌。

下面将为大家介绍几幅画谜。你能解开多少呢？提示：1—3为地名，4、5为江户时代生活用具，6—8为鸟名。

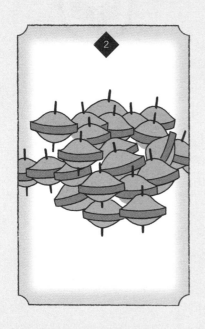

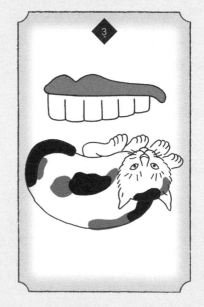

答案

1. 本乡（ほんごう）: 绘有书（ほん）与鸬鹚（う）下围棋（ご），所以是本乡（ほんごう）。

2. 驹込（こまごみ）: 绘有陀螺（こま）互相拥挤（こみあう）的景象，所以是驹込（こまごみ）。

3. 箱根（はこね，日本地名）: 绘有牙（は）和倒着的猫（ねこ），所以是箱根（はこね）。

4. 茶炉（ちゃがま）: 绘有蟾蜍（がま蛙）和点茶（ちゃ），所以是茶炉（ちゃがま）。

5. 锅（なべ）: 绘有菜（な）和放屁（へ）的动作，所以是锅（なべ）。

6. 凤凰（ほうおう）: 脸（ほう）上画着王将（おうしょう）的棋子，所以是凤凰（ほうおう）。

7. 雀（すずめ）: 铃铛（すず）开眼（め）则为雀（すずめ）。

8. 鹌鹑（うずら）: 绘有漩涡（うず）状的平假名"ら"，所以是鹌鹑（うずら）。

艺人纹样

艺人纹样是指以艺人名字为基础，结合俏皮话、谐音绘成的纹样，其使用比家徽更加随意，因此，常用于艺人后台服、赞助商分发的手巾等。当红艺人的艺人纹样还会广泛流行于百姓之间，常用于浴衣、和服、小物件上。

此外，各艺人都有表示其流派及所属门系的"定徽"。艺人纹样多源于吉祥之意或典故，也可用作家号。

在那个只有武士可以有名字的时代，门系就相当于名字。直到今天，歌舞伎演出现场还能听到从观众席中爆发出的"成田屋""音羽屋"等喊着各艺人屋号的叫好声。

小六染纹

源于著名女艺人岚小六穿的红白斜条纹服装，别名缰绳染纹。

播磨屋格子纹

绘有八条细横条纹、两条竖宽条纹和"满"字。

市村格子纹

一条横线六条竖线围成的格子中写有"ら"字，组成"一六ら"，日语谐音"市村"。深受第十二代市村羽左卫门喜欢。

观世水纹

水流中心绘有漩涡，左右分布有不规则波浪曲线。能乐的正宗传承者使用过该图案，因此得名。

源于文艺、演艺的纹样

　　绘画、音乐等各种艺术都源于人们对自然的崇高敬意和对神佛的感谢之情。因此，便产生了以各种文学作品、诗歌、谣曲、舞蹈等题材为原型的意象，并被绘成纹样。另外，安土·桃山时代至江户时代，琳派作家活跃。到了江户中期，日本诞生了友禅等精巧染织工艺。在这一背景下，文学意象才得以被绘成众多优美而富有情调的纹样，并流传至今。

源氏物语纹

纹如其名，是绘有《源氏物语》中的情景的优雅纹样的总称。《源氏物语》出自紫式部之手，成书于平安时代中期，是日本最早的长篇小说之一，有时会按各出场人物命名，又被称为"紫上物语""明石物语""玉蔓物语""浮舟物语"等。源氏物语纹中除了暗示故事情节的初音纹、夕颜纹之外，还有很多出自《源氏绘卷》中的纹样。

象征：才艺精进、技艺精进、荣华富贵

若紫纹

绘有《源氏物语》中的"若紫"章。若紫因逃走的麻雀与源氏相遇，所以**若紫纹**多绘有御帘和麻雀的组合图案。有的若紫纹还绘有公主与麻雀的组合。若紫纹是源氏物语纹中较为常见的纹样。

象征：才艺精进、恋爱成功

平家物语纹

以《平家物语》为主题的纹样。《平家物语》是反映平家荣华与没落的军史故事，成书于镰仓时代。以著名的"祗园精舍远钟声"开篇，绝妙地描写了走向没落的平安贵族和逐渐崛起的武士阶层共同编织而成的形象，堪称经典名作。《平家物语》也因此被视为武家女性必修的文学基础，多描绘于狭袖便衣之上。

象征：才艺精进、出人头地、武运长久

穿在身上的祝福：和式纹样的爱与美

伊势物语纹

以《伊势物语》为主题的纹样。《伊势物语》是以和歌为中心的诗歌故事，共由125个章节组成。《伊势物语》写于平安时代，以在原业平为原型，据说对后来的《源氏物语》产生了很大的影响。江户时代有了插图版《伊势物语》，由此出现了很多纹样，其中最著名的为绘有笈和爬山虎的**爬山虎小道纹**。

雀巢纹

源于民间故事的纹样，绘有竹与雀，又名**竹雀纹**。其特征为描绘了群雀集于竹林之中的可爱身姿。正仓院宝物螺钿细工上也绘有该纹样。至今仍常用于千代纸、和式餐具、楣窗镂空雕花、儿童和服、浴衣等。

象征：荣华富贵

一寸法师纹

源于日本民间故事的纹样，多与如意小宝槌组合出现。《一寸法师》讲述了主人公进京打败鬼怪，迎娶公主，出人头地的故事，寄托着人们祈求出人头地、心想事成的心愿。**一寸法师纹**是很受欢迎的男孩和服、浴衣图案。另外，没绘上一寸法师而又保留其他元素后形成的纹样又称为**留守纹**。

象征：出人头地、心想事成

三猿纹

源于庚申塚的"三尸传说"，绘有表示"非礼勿视、非礼勿言、非礼勿听"之意的三只猴子，又名"庚申纹"。人们认为**三猿纹**是基于三尸传说而作，有延年益寿之意。江户时代，东照宫神厩舍的楣窗刻有三猿，庚申信仰盛行，三猿纹流行于武家、町民之中。很多武具、和服、腰带上都绘有三猿纹。

象征：神佛加护

孟宗纹

绘有中国"孟宗哭竹"的轶闻。讲述了母亲卧病在床，儿子孟宗冒着严寒四处寻找竹笋，他的孝心感动了天界，天人便将竹笋赐给了他的故事。人们认为该故事包含了神佛功德、人伦之道、成功之道等。**孟宗纹**多用于绘羽织、砚台盒、信匣等。

象征：神佛加护、家庭圆满

三夕纹

以《古今和歌集》中收录的寄莲法师、西行法师、藤原法师三人所作的短歌下句为主题绘成的纹样。这些下句都以"秋之黄昏"结束，故得名"三夕"。莳绘中多将上下句成对绘制，上句绘于砚台盒，下句绘于纸盒。**三夕纹**是狭袖便服、和服中的常用纹样。

象征：勤学上进、学业有成

六玉川纹

绘有宫廷之人在和歌中咏叹的六条堪称"玉川"的美丽清流，即井手（京都府）、野路（滋贺县）、野田（宫城县）、高野山（和歌山县）、多摩（东京都）、三岛（大阪府）。**六玉川纹**有固定的组合纹样，因此一看纹样便知所绘的图案是哪条川，被视为武家女性之修养。清流可冲去污秽，所以六玉川纹象征消灾免难。

象征：技艺精进、消灾免难

鼓瀑纹

以西行法师的和歌体游记《鼓瀑》为题材绘成的纹样。《鼓瀑》还被演绎成讲谈、落语、谣曲等多种形式。另外，还有描绘实际存在于兵库县、熊本县等处的瀑布和鼓的纹样。瀑布可用于修行，效果显著，鼓则常用于祭祀表演。所以鼓瀑纹象征着消灾免难、神佛加护。

象征：神佛加护、消灾除难、心想事成

石桥纹

绘有谣曲《石桥》中的一个场景。谣曲主人公途经牡丹花盛开之地，正要在此处过石桥，眼前突然出现了一头与蝴蝶嬉戏的狮子，**石桥纹**描绘的正是该场景。因此，石桥纹绘有狮子、蝴蝶、牡丹、石桥。

象征：技艺精进、出人头地
备注：歌舞伎中将镜狮子、连狮子出场的曲目统称为"石桥物"。

盆栽纹

绘有谣曲《盆栽》中的场景。该谣曲讲述了乔装成旅僧的北条时赖在大雪中迷路，向附近民户求助，该户人家的主人为救僧人，不惜将精心栽培的松梅盆栽投入火中的故事。该故事不仅传达了人性之善，还表达了对主君的忠义，深受上层武家妇人所喜爱，多绘于狭袖便衣之上。

象征：出人头地、生意兴隆

箙纹

以能剧剧目《箙》为主题绘成的纹样。江户幕府将该剧目选为举行仪式所用音乐（式乐），是最受武家喜爱的剧目。该剧再现名将梶原源太景季变身亡灵，会战时将梅花插入箙中奋战的虚幻场景，因此广为人知。箙是一种用爬山虎藤、柳条、竹子等编织而成，系在腰间用来盛放箭的武具。

象征：武运长久、出人头地

鸟兽戏画纹

以高山寺（京都府）的日本国宝级绘卷为原型绘成的纹样。《鸟兽戏画》戏谑性地描绘了各种动物，以反映当时世态，是"鸣呼绘"等戏画的集大成之作。部分场景使用了当今漫画中的常用手法，又被称为日本最早的漫画。主要用于木艺、竹艺、漆艺、染织工艺品上，也可用于腰带、和服上。

象征：开运招福
备注：目前《鸟兽戏画》的甲、丙两卷寄存于东京国立博物馆中，乙、丁两卷由京都国立博物馆代为保管。

源于文字、符号的纹样

在日本，人们自古便认为文字和符号中有不可思议的神力。有种说法认为文字的不同排列会赋予文字神奇之力，而各种符号则能骗过妖魔之眼。于是便产生了以文字、符号为原型的纹样。其中，人们认为公元前发展于古印度，与佛教、密教密切相关的梵文中的一字一句都象征着佛，将其穿在身上就能得到神佛庇佑。因此日本从古至今产生了众多以梵文字母为意象的纹样。另外，源于文字、符号的纹样种类繁多，如绘有吉祥文字的角字纹、由无数个福禄寿喜等吉祥文字排列而成的纹样等。

梵字纹

以梵文字母为原型的纹样。梵文被公认是印度婆罗米文字的汉名，是用来记录梵语的文字。平安时代，僧人空海带着大量梵文经典从中国返回日本，梵文自此传入日本。人们深信梵文字母本身具有灵力，便在百姓中流行开来，并被绘成纹样。

象征：开运招财、消灾免难

苇手纹

绘有假名文字、动植物等，看起来犹如随风轻轻摇曳的芦苇叶，又名**苇手绘纹**。据说苇手纹产生于平安时代。后来人们将苇手纹与诗歌相结合，取部分和歌意象作画，并将苇手纹融入画中。镰仓时代之后，苇手纹一时衰落。后来人们又在苇手纹中加入画谜、藏文字母等元素，苇手纹再度发展，一直持续到江户时代。

象征：祈求文思通畅、技艺精进
备注：右侧图案将芦苇叶绘成了鸟的形状。

角字纹

以福、富、叶、梦、吉、寿、久等被称为"角字"的吉祥文字为图案，并将其绘成升斗状四方形。虽然文字本身难以判读，但连续的笔画赋予角字纹以独特的设计美感。角字又名"江户文字""笼文字"。江户时代，角字纹多用于法被、半缠、消防队旗标，而现在则多用于和服、腰带、和式小物、手巾等。

象征：开运招福、技艺精进
备注：角字纹的寓意因所写文字不同而不同。

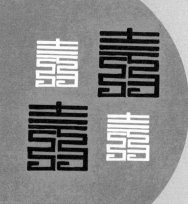

万寿纹

绘有无数"寿"字的排列。日语中"寿"又写作"壽",是一个极其喜庆的文字,多用来祝贺新婚、长寿等。因此,**万寿纹**常见于各种喜庆场合。

象征:开运招福、延年益寿、夫妻圆满

备注:台东区(东京都)、松本市(长野县)等地还有叫作"寿"的地方。

左马纹

将"馬"字左右翻转而成的图案。由于其形似腰包,再加上马与招徕客人之意相通,所以此纹样象征生意兴隆、财运上升。另外,日语中将马字倒着读的发音与"舞"字相同,所以左马纹还象征着技艺精进。**左马纹**有时也会被视作画谜。

象征:生意兴隆、财运上升、技艺精进

百纹

绘有包括文字在内的百种物品的纹样的总称。日语中"百"字训读为"MOMO",表示数量极多。中国的百纹绘有九十九个物品,而非一百个,因为人们认为最后一个物品会带来幸运。代表性的**百纹**有**百蝙蝠纹**、**百蝶纹**、**百子纹**、**百寿纹**等。

象征:荣华富贵

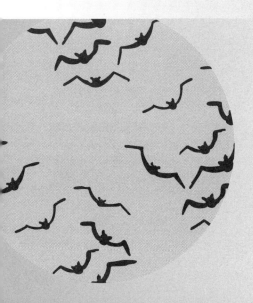

九字纹

绘有阴阳道、真言密教中使用的"九字"。"画九字"是一种一边口念"临、兵、斗、者、皆、阵、列在前（行）"九字真言，一边在半空中用手画四纵线、五横线的咒术。"九字"是有名的护身秘术，不论敌人如何强劲，"九字"都能保护自己免受攻击。**九字纹**源于安倍晴明的强敌——道摩法师，又名**道摩纹**。

八卦纹

绘有八卦，又名**算木纹**。八卦起源于中国古代《易经》。人们掷八卦（算木）占卜，根据其散开情况判断吉凶。精通占卜之人一定能从这张纹样中感受到某些暗示之趣吧。**八卦纹**是一种常见于和服、陶器之上的独特纹样。

象征：开运招福、消灾免难

护符纹

绘有各种护符。日本的护符上绘有神佛之姿、神佛名、各种咒文。顺便说一句，护符是具有魔力之物的总称。英语中称驱邪护符为"amulet"，称咒符为"talisman"，称幸运符为"charm""mascot"，以示区别。**护符纹**多见于和服、腰带及各种和式小物上。

象征：消灾免难、驱邪

源于数字的纹样

古今中外的人们都认为数字具有神奇魔力。这是因为数字与历法、宗教、各种教诲密切相关，具有特殊意义。在和式纹样中，数字的含义、形状也含有吉祥之意，并产生了很多以数字为图案的纹样。其中代表性的纹样有四神纹、七福神纹、八宝纹等与神佛相关的纹样。

一人静纹

数字一有万事开端之意。源于数字一的纹样中，较为知名的纹样有绘有野草一人静（银线草）的**一人静纹**。人们认为该植物的名字出自成书于镰仓时代的《吾妻镜》，因与书中登场的人物静御前的风姿相似而得名。此外，煮过的一人静草新芽、嫩叶可做山菜，而干燥过的新芽、嫩叶可做茶。

与数字一相关的其他纹样：九一字纹、点纹、轮纹

二枚贝纹

数字二象征相互结合，因此与二有关的纹样多为同一种图案的组合或雌雄组合，如**相向纹、相对纹**。**二枚贝纹**绘有花蛤、文蛤、蚬子等只能由自身的上下两扇贝壳相互吻合的贝类，象征夫妇和合，常见于婚礼。

与数字二相关的其他纹样：二人静文、二友纹、二木纹

三多纹

三是有名的能够带来幸福的数字，与数字三相关的代表性纹样为**三多纹（三果纹）**。**三多纹**源于中国，绘有佛手柑、桃、石榴三种水果。其中佛手柑象征生意兴隆，桃象征长生不老，石榴象征多产。因此三多纹象征着"多福、多寿、多产"，常见于馈赠用陶器。

与数字三相关的其他纹样：三友纹（松竹梅）、三种纹、三仙纹、三葫芦纹

四神纹

四象征万物之基础。与数字四相关的代表性纹样为**四神纹**。四神纹源于中国，绘有四个方位的守护神。四神指青龙（苍龙）、白虎、朱雀（凤凰）以及蛇缠绕于龟身上的玄武神兽。人们认为四神拥有强大的咒术，可以守护四面八方。至今仍可在寺庙、神社的侧殿、鸟居中看到四神纹。

与数字四相关的其他纹样：四爱纹、四友纹、四花菱纹、四君子纹、四角纹

五鲤跳纹

五象征自由、传递，还与出人头地有关，是很吉祥的数字。与五相关的代表性纹样为**五鲤跳纹**。该纹样绘有五条鲤鱼在水面跳跃的姿态，并且日语中"五鲤跳"与"御利益"读音相同，象征吉祥之意。顺便说一句，中国人认为该纹样与"仁义礼智信"（五常）相通。

与数字五相关的其他纹样：五节句纹、五芒星纹、五羽鸡纹、五月人偶纹、五七桐纹

六葫芦纹

人们认为六是掌管和谐、想象力的数字。其中最具代表性的六葫芦纹绘有六个葫芦，日语写作"六瓢箪文"。日语中"六瓢"与"无病"谐音，所以**六葫芦纹**含有五脏六腑无病无灾之意。顺便说一句，五脏六腑在传统中医中表示人类内脏整体。

与数字六相关的其他纹样：龟甲纹、六文钱纹、六弥太格子纹、助六纹、六六鱼（鲤）纹

七草纹

人们认为数字七象征智慧、知识，日本自古将七视为吉祥数字，因此有很多著名的与七相关的纹样。绘有因《万叶集》而知名的七大春草、七大秋草的纹样被称为**七草纹**。七草纹所绘植物均可用作山菜、草药、茶等，都是对人类有益的植物。

与数字七相关的其他纹样：七福神纹、七宝纹、北斗纹、七曜纹、五七桐纹

八宝纹

数字八因形状与逐渐扩展、走向繁荣相通，故象征成功，有呼唤幸运之意。其中，**八宝纹**组合绘有八种佛教法器、庄严具等，包括法轮、法螺、宝伞、白盖、莲花、宝瓶、金鱼、盘长。八宝纹又名八吉祥，源于中国，据说是日本万宝纹的原型。

与数字八相关的其他纹样：八仙纹、暗八仙纹、八卦纹、八咫鸦纹

九匹马纹

九是代表理想和创造性的数字。此纹样绘有九匹马，风靡于江户时代，很多商家都供奉有该纹样。另外，日语中"九马奔腾之姿"写作"马九行久""马九行驱"，与"一切顺利"谐音。此外，日语中"马"与危急场合的"场"字谐音，含有摆脱危急之意。

与数字九相关的其他纹样：九曜纹、九轮草纹、九里（栗）纹

丸十字纹

数字十既象征着结束，也象征着开始。日本人认为十字与日语中表示心愿实现之意的"叶"字相通，具有吉祥之意。而**丸十字纹**是日本战国时代著名猛将岛津义弘用过的图案。后来该图案逐渐成为消除灾祸的象征，被绘成纹样广泛使用。此外，有说法认为十字形代表双龙交错，也有说法认为十字形代表双筷交错、庆祝胜利之意。

与数字十相关的其他纹样：十字纹、十药纹、十字羊齿纹

十二支纹

数字十二与一年十二个月、半天十二个小时、十二地支、十二星座、佛教十二缘起等各种事物相关，表示事物分界，可谓包罗万象。而表现十二地支的十二支纹绘有生活中常见的动物，是和式纹样中的传统纹样。此外，有的**十二支纹**只绘有"子、丑、寅、卯、辰、巳、午、未、申、酉、戌、亥"十二字。

与数字十二相关的其他纹样：十二神将纹、十二生肖纹、十二章纹、十二星座纹

十三里纹

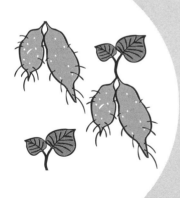

欧美国家视十三为禁忌，而汉语中"十三"与表示结出果实之意的"实生"发音相似，所以中国人将十三视为吉祥数字。与数字十三相关的十三里纹绘有江户时代小贩边吆喝"九里四里好吃十三里"边走街串巷贩卖的甘薯（地瓜）。**十三里纹**同时也是有名的画谜，并且还在画师歌川广重的浮世绘作品中出现过。

与数字十三相关的其他纹样：十三佛纹

九十九纹

日本人认为九十九象征长度极长、数量极多。汉语中"九"又写作"久""玖"，所以中国人认为九十九象征永久、无限之意。因此结婚庆典等场合常见的百唐子纹有时并不会画满百人，而是故意只画九十九人。人们将绘有九十九个相同图案的纹样称为**九十九纹**。

与数字九十九相关的其他纹样：九十九神纹、九十九桧叶纹

百合纹

百不仅象征数量多，而且还是一个恰到好处的分界数字。如人有十指，百可象征十的十倍，或是百年寿命等。名字中与"百"字相关的植物有百合、百日红、百花之王牡丹等。

备注：百合原产于日本，但以百合为图案的纹样却很少。

百果纹

数字百象征数量多。日语中"百"字训读为"MOMO"。在中国，人们认为数字百可以召唤幸福，日本有"百次参拜"之俗，认为数字百可以帮助人们实现心愿。其中，与百相关的**百果纹**绘有祈求长寿的灵芝、保持和谐的荔枝等吉祥水果，寄托了人们祈求努力就有结果的心愿。

与数字百相关的其他纹样：百蝶纹、百鹿纹、百蝠纹、百乳纹、百子纹、百合纹

千纸鹤纹

千是百的十倍，所以含有永远幸福、未来永久之意。其中与千相关的代表性纹样当数绘有千纸鹤的**千纸鹤纹**。日语中"纸"与"神"发音相同，而且御被神事中用的代偶也是纸质的，所以日本便产生了折千纸鹤这一独特风俗。此外，千纸鹤纹也是"和"的象征。

与数字千相关的其他纹样：千手观音纹、千鸟纹、千成葫芦纹

三千年草纹

三千是千的三倍，表示数量极多。同时，三千还与佛教用语"一念三千"相关。一念三千之意为"人类的日常心理活动中包含着三千世界，森罗万象"。**三千年草纹**绘有三千年一开花、三千年一结果的长生不老的寿桃树。在中国，蟠桃是西王母的象征，所以有的三千年草纹上还绘有西王母。

与数字三千相关的其他纹样：三千院纹

万寿菊纹

数字万又写作"满"，"满"指事物绰绰有余的状态。万与延年益寿有关，是非常吉祥的数字。因此有很多带"万"字的植物名，如万寿菊、万年木、万年杉、万年青、万年藤、万两（朱砂根）等。同时，"万"也是纹样中经常出现的数字。

与数字万相关的其他纹样：万年青纹、万年杉纹

和式小物 日本手巾

日本手巾是一件能让人在日常生活中切实感受到和式纹样的存在的单品。日本手巾很受欢迎，不仅百元店有售，现在甚至还出现了手巾专卖店。

手巾既可用作毛巾，并用来清洗、擦拭身体，也可在寒冷之日系在头上保暖，或酷暑时代替帽子遮阳。此外，手巾还可以把东西打包带走，相当于一个便携包，或铺在桌上当桌布，也可用作室内的装饰点缀，堪称万能布。

下面将为您介绍如何用手巾包酒瓶，只需把酒瓶放在手巾上卷一卷就好，非常简单。饮料瓶的套子也可以用这种方法来做。

1

铺好手巾，将瓶子平放在手巾，然后紧贴瓶底，如图所示将布折起来。

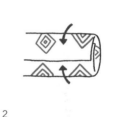

2

滚动瓶子卷好手巾，注意手巾要与瓶子贴合，不要有褶皱。

3

一边按住瓶子，一边将手巾未包住瓶子的部分拧紧。

4

将拧好的部分在瓶口处卷住，由下而上绕一圈后打结便可完成。

第六章

充满寓意的
吉祥小物

纹样中的形象含有开运、祈求幸福之意，因此被制成各种吉祥小物，如招财猫、达摩不倒翁等，深受人们喜爱。本章将为您介绍与传统纹样密切相关的吉祥小物。

驱邪与纹样

大阪成蹊短期大学名誉教授　冈田保造

　　大阪府四条畷市的雁屋遗址出土了一件弥生时代的文物。这是一个将桑木剜空制成的带盖容器，盖子上雕刻有美丽的双头涡纹。另外，位于底格里斯河与幼发拉底河之间的加姆达·奈斯尔遗迹出土了约公元前3000年的首个绘有五芒星纹的罐子。

　　不论东方还是西方，人们从史前就开始使用驱邪纹样。在古代，人们的生活受大自然的影响很大，人们在生活中不得不依靠驱邪的信仰和仪式。之后，随着历史时代的变迁，人们为守护安稳的日常生活，更是在很多物品之上都寄托了驱邪之意。

　　神社、寺庙分发的神符象征神佛加护，是常见的驱邪之物。据说神符是以道教的护符为原型的。道教护符的种类繁多，可以满足人们不同的愿望。

　　此外，还有因本身与神佛、神话相关而被视为驱邪之物的情况。如熊野速玉大社的使者三足乌、毗沙门天的使者蜈蚣、惠比须神的神柏、诹访大社的梓木，以及御灵神社的野慈姑等。槲、梓、桔梗还被用作神馔（供奉神佛的食物）。桔梗为密教的寺纹，其形状与五芒星相似。五芒星虽为外来驱邪之物，但传入日本不久便融入日本阴阳教、佛教理论之中。

　　日本各地相继出土了弥生时代的秤砣形陶器。秤砣如今在日本多被用作地图上银行的图标，但在当时却是用来驱邪的。另外，秤砣是千手观音所持之物，被后人绘进宝纹、宝船纹之中，象征守护财富之锁。虽然这些纹样都是吉祥纹样，但俗话说"攘灾招福"，只有先除掉灾难才会幸福，所以吉祥纹样也属于驱邪之物。

　　此外，还有能够依靠发声、发光来驱邪的物件。寺院建筑的四个檐角上吊着的风铎、普通人家屋檐下吊着的风铃靠声音驱邪。而埋于古坟之中的镜子、置于茅草屋顶之上的鲍鱼壳则依靠散发出的光泽使鬼神难以接近。

　　人毕竟是弱小生物。人们抱着不放过任何一根救命稻草的心态，将驱邪之愿寄托于各种物品之上，并将其绘成纹样，或置于身边，或穿在身上来驱邪。

装饰小物的寓意

置于玄关等处的传统装饰物多源于节日、庆典，象征各种吉祥之意。例如，作为新年装饰的门松源于"子日松"。子日松是平安贵族在正月玩的一种游戏，象征着人们祈求长寿的心愿。此外，源于节日、年中仪式的装饰小物的特征之一在于：会因传承地域的不同而发展出不同形式。

有的地方会用杉树、栲树、杨桐等
常绿树木替代门松里的竹子

门松指新年装饰在家门前的"成对松""竹装饰"。日本自古认为树木梢头有神灵居住，因此视门松为请年神进家门的穿居之物

【主要象征】

神佛加护、开运招福

注连绳与"圈绳定界"相通，指的是为划定占有区域、禁止进入区域而张挂的绳子。据说注连绳源于"尻久米绳子"，象征清净圣洁之地。"尻久米绳子"是天照大神从天岩户出来后被挂在洞口，防止天照大神再次躲入洞中的绳子。

【主要象征】

消灾免难、恶灵退散、无病无灾

花饼

指切成花朵大小的粘糕或是将粘糕团子插在树枝上做成的新年装饰物，寓意五谷丰登。人们会在三月三女儿节将枝头的粘糕摘下来炸着吃。东日本一带流行的茧球与其十分相似。茧球是指用米粉搓成的蚕茧形状的团子。

【主要象征】
五谷丰登、家庭美满

飞驒高山（岐阜县）称其为花饼，而赞岐市（香川县）、长野县等地则将其称为饼花

七福神

关于七福神的由来至今尚无定论，有源于中国的八仙、印度的印度教、中国佛教等说法。日本从室町时代末期开始信奉七福神。传说从元旦起连续七天，或是从元旦到一月十五日连续参拜七福神就能心想事成。

【主要象征】
开运招福、生意兴隆

宝船

如今，宝船被视为七福神乘坐的吉祥之物，用来装饰门口、壁龛。宝船源于写有和歌的宝船画。①江户时代，一到新年就有人边吆喝"宝物、宝物"，边叫卖宝船画。据说正月初二（有的地方为正月初三）晚上，读三遍宝船画上的和歌，并将宝船画压在枕下就会做好梦。

【主要象征】
祈求好梦、开运招福

① 宝船画上写着如下和歌：なかきよの とおのねふりの みなめさめ なみのりふねの おとのよきかな。

女儿节偶人

关于女儿节偶人的起源，众说纷纭。有的说法认为其源于平安贵族女孩在皇室府邸中玩的装饰人偶游戏，还有说法认为其源于将代偶放入水中冲走，以洗净自身污秽的"漂偶人"习俗。日本全国各地的女儿节偶人庆典各具特色，较为著名的有奥州市（岩手县）的贴画偶人、鸟取县的漂偶人。

【主要象征】

除灾免难、无病无灾、婚姻圆满

鲤鱼旗

江户时代，有将军家生男孩便会在门口插马标、长条旗以祈求他日出人头地的风俗。后来该风俗日益扩展，平常人家生了男孩也会插长条旗。该习俗被视为鲤鱼旗的起源。最初，旗帜上绘有源于中国传说的鲤鱼跃瀑纹，后来旗帜逐渐发展为大型飘带旗，进而演化成了今天的鲤鱼旗。

【主要象征】

出人头地

日本全国各地有各种形状的鲤鱼旗

达摩不倒翁

高崎达摩

松川达摩

姬达摩

达摩不倒翁源于禅宗鼻祖菩提达摩（达摩祖师、达摩大师）坐禅的姿态，超越了各宗教、教派，是一种广受欢迎的吉祥之物。日本还有先将达摩不倒翁眼部留白，心愿实现后再补画眼睛的习俗。日本各地有众多色彩独特的达摩不倒翁，调布市（东京都）、高崎市（群马县）的达摩不倒翁集市十分有名。

【主要象征】

祈求合格、家人平安、开运招福

放风筝是日本著名的新年传统游戏。据说风筝源于中国，其原型为贴有画着龙凤图案的丝绸之物。人们将其高高举起，以向神佛祈愿。因此，人们也认为风筝飞得高象征着生意兴隆、开运招福。此外，日本还认为只要剪断飞翔在高空的风筝的线，厄运就会随之消散。王子稻荷神社（东京都）的防火风筝十分有名。

【主要象征】

神佛加护、开运招福

江户奴风筝

飞得越高越吉利

风铃源于中国的风铎。风铎挂在房檐四角，能发出悦耳的声音，用于驱邪、占卜吉凶，镰仓时代由僧人将其带入日本。日本各地，如川崎大师的平间寺（神奈川县）等都会举办风铃集市。在风铃集市上可以见到除厄风铃、江户风铃、南部风铃等各种风格迥异的美妙风铃。

【主要象征】

开运除厄

方形风筝

微风中清爽的风铃声堪称日本"夏季风物诗"

竹耙是一种带把农具，前端整齐排列有稀松短齿，用于收集枯叶、干草。不知从何时起，人们认为竹耙可以收集幸运、财运，竹耙也逐渐成为浅草（东京都）等酉市（每年十一月酉日举行的庆典活动）的知名吉祥物。

【主要象征】

生意兴隆、桃花运上升、开运招福

买竹耙要一年比一年大，寓意生意兴隆

日用小物的寓意

每天使用并已经习以为常的日用品也隐藏着各种吉祥寓意。若能了解其由来，就可能会觉得身边之物越发可爱、珍贵。尽管当今时代是一个充斥着便捷、新鲜事物的时代，但重新审视世代传承下来的东西也不失为一种乐趣。

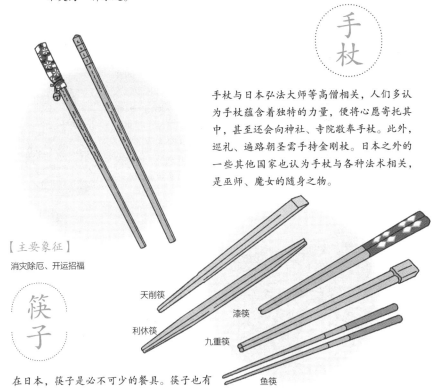

手杖

手杖与日本弘法大师等高僧相关，人们多认为手杖蕴含着独特的力量，便将心愿寄托其中，甚至还会向神社、寺院敬奉手杖。此外，巡礼、遍路朝圣需手持金刚杖。日本之外的一些其他国家也认为手杖与各种法术相关，是巫师、魔女的随身之物。

【主要象征】

消灾除厄、开运招福

筷子

天削筷

利休筷

漆筷

九重筷

鱼筷

南天竹筷有躲避灾祸、长寿的寓意

在日本，筷子是必不可少的餐具。筷子也有很多种类，不同种类筷子的含义不同。如新年使用的祝福筷的两头均是尖的。这是因为人们认为筷子有连接人和神的魔力，两头尖的筷子可以一头供神使用，一头供人使用。筷子原料为杉、松、樱树、柳等树木，这些树木多被视为神的寄居之物。

【主要象征】

神佛加护、延年益寿、开运除厄

扫帚

虽然扫帚是一种清扫工具，但在日本人们认为扫帚与"扫攒灵魂""扫走邪气"有关，故在民间被广泛信仰。其原因大概也同扫帚在《古事记》中出现过，奈良时代还被用作祭祀道具有关吧。另外，不知从何时起，人们认为扫帚中住着"扫帚神"，便将扫帚立在孕妇枕边，抚摸孕妇肚子，以祈求安产。

【主要象征】

神佛加护、消灾免难、祈求安产

室内扫帚

竹扫帚

竹刷子

竹刷子是将前端劈开的竹子或细木条扎捆制成的用具。过去人们用竹刷子洗碗，但随着炊帚、海绵的普及，普通家庭中已经几乎看不到竹刷子了。竹刷子因前端被劈成很细的刷齿而得名，所以"竹刷子"在日语中的读音与"劈裂"一词的日语发音相似。竹刷子还被用作乐器或民族舞挂件。持竹刷子起舞的舞蹈名为"竹刷舞"，被用来祈求五谷丰登和驱邪。

【主要象征】

神佛加护、无病无灾、五谷丰登

手巾

手巾是用于擦手、洗澡时擦洗身体的平纹棉布。镰仓时代起，手巾开始出现在人们的日常生活中。当时手巾是一种潇洒的时尚单品，晴天人们会将其罩在头上遮阳，或是拧成扎头带扎在头上。近来还有绘有吉祥纹样的手巾上市，也颇具人气。

【主要象征】

神佛加护

201

包袱皮

正仓院藏品中有类似于包袱皮之物，被视为包袱皮的来源。包袱皮日语名写作"風呂敷"，日语中"風呂"意为浴缸。古时候包袱皮原名"衣包""平包"。室町时代末期大名入浴时直接打开"平包"，站在平包布上脱掉衣服后，又用该布把衣服包好，所以便渐渐改称包袱皮为"風呂敷"。

【主要象征】
神佛加护

梳子

梳子象征即便起了争执也能"梳理好"，而且日语中"梳子"与"奇""灵"谐音，所以人们将梳子视为能招来"奇妙之事、不可思议之事"的吉祥之物。其中，黄杨梳坚固结实，越用越有光泽，所以象征着"坚定不变的关系"。不过，由于日语中"梳子"同时还与"苦死"谐音，所以有的地方出于忌讳，称梳子为"忌讳簪"。

【主要象征】
神佛加护、祈求良缘美满、开运招福

镜子

镜子来源已久，最早的镜子是利用水面的水镜。人们认为镜子中住着神灵，所以镜子有特殊神力，并将其作为崇拜对象。日本全国各县都有镜子神社，如滋贺县、奈良县等。另外，民间信仰认为镜子中住着女性之魂，打破镜子是不吉之兆。

【主要象征】
神佛加护、开运成功

穿在身上的祝福：和式纹样的爱与美

带子

人们认为带子具有与生命相关的咒术力量，将长带子视为生命的象征。日本有的地方讲究在厄运年送"长的东西"，以祈求净化身体、无病无灾。此外还有孕妇于戌狗之日缠腹带，以祈求安产的风俗。

【主要象征】

无病无灾、祈求安产、延年益寿

勺子

勺子分为拌饭、盛饭的饭勺和拌汤并将汤盛入碗中的汤勺。饭勺和汤勺都是用桧木、杉木等制成的，这些树木曾被视为神佛寄居之物。因此勺子至今都是日本各地很多神社的土产礼物，如多贺大社（滋贺县）、严岛神社（广岛县）等。有的地方还会在门口插上勺子，以祈求家人平安。

【主要象征】

神佛加护、无病无灾、家庭美满

酒盅

又写作"杯""酒杯"。酒盅原本为向神佛献酒的器皿。神事结束后，参拜者会分着喝掉供于神前的酒，表示分享神的恩泽。另外，为加强人与神、人与人之间的联系，有时还会用一只酒盅传着喝。

【主要象征】

神佛加护

祈愿小物的寓意

人们认为祈愿中的美好世界与现实中的物质世界关系密切，能给人以活下去的力量。日本是传说拥有八百万神明的国度。人们认为一切与神社寺院相关的东西都有吉祥之意，甚至将路旁的石头、树木都视为"神之居所"，对着它们祈愿。因此日本的护身符、神符等祈愿纪念品的种类之多，世界闻名。

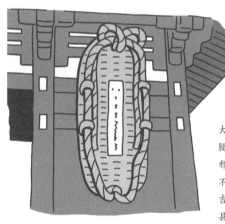

大草鞋

大草鞋是供奉神佛，祈求脚部疾病痊愈、腿脚强健的神物，也可用于消灾免难、驱邪。大草鞋旨在吓唬妖魔此处有巨人居住，不要靠近，所以草鞋越大越灵验，越大越吉祥。大草鞋多挂于哼哈二将塑像（或两县交界处的大树）之上，或被收于道祖神庙、庚申塚之中。浅草寺（东京都）、羽黑神社（福岛县）的草鞋闻名全国。

【主要象征】
祈求脚部疾病痊愈、腿脚强健、消灾免难

绘马

绘马是在神社寺院祈愿或还愿表示感谢时向寺院神社奉纳的一种绘有图案的木板。传说马是神的坐骑，人们便将其奉为神马，后来逐渐演变为在木板上画马。这便是现代绘马的起源。被奉纳的绘马都会装饰在神社寺院的绘马堂里。

【主要象征】
神佛加护（因神佛而异）

绘马分为按总人数供奉的大绘马和以个人名义供奉的小绘马两种

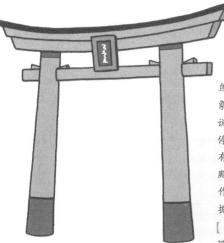

鸟居是区别神俗两界的结界，类似于门，象征神界入口。关于鸟居名称的由来众说纷纭。有的说法认为是源于"方便鸟停靠""鸟的居所""出入场所"之意；还有的说法则认为鸟居是中国的华表（宫殿前的石柱）的译名，汉文中将鸟居写作"華表"。自参道入口起设有众多鸟居，据说离正殿越近的鸟居神性越高。

【主要象征】

神佛加护

最外面的第一座鸟居称为"一鸟居"

护身符是指由神社寺院分发，用于守护、驱邪除厄的小型护符，或挂在脖子上，或随身携带，或保管于特定的地方就能发挥灵力。很多东西都被视为护身符，如神佛名、特殊文字、记号、木片、小石子等。护身符的效力通常可持续一年，护身符期满应收回至原发行神社中。

【主要象征】

神佛加护（因神佛而异）

又名御神签、佛签等。古代社会，决定国家祭事、政治要事时为尊重神的意志，会选择抽签决定，这便是神签的来源。自江户时代起，人们会将抽好的签系在树上，象征"结缘"之意。据说抽到"凶"时用非惯用的那只手将其系到树上，便能逢凶化吉。

【主要象征】

神佛加护（因神签内容而异）

"大吉"签也可用作护身符

神舆（御舆）是庆典时神灵移动所乘的交通工具。神舆是微缩版神殿，仿造神社制作，还带有鸟居。神舆通常都是由人抬着移动的，但有的庆典上也会将神舆放在山车上移动。为撼动神灵使其显灵，人们会在移动神舆的过程中上下左右猛烈摇晃，或使其与其他神舆相撞击，即"魂振"。

神舆

【主要象征】
神佛加护、五谷丰登（因庆典而异）

晴天娃娃

不同地方的叫法不同，有的地方又称"晴天坊主""日和坊主"。此外还有要倒挂着装饰、画了脸就会下雨等众多传言。晴天娃娃源于中国的扫晴娘。扫晴娘是一个拿着扫帚的纸质女偶人。人们会悬挂扫晴娘以祈求晴天。另外，人们认为扫帚有招福之力。

【主要象征】
祈求晴天

茅圈

用茅草扎成的圈。茅指芒草、白茅等。有的地方又称茅圈为菅拔、轮越、茅。六月底或六月最后一天、七月最后一天越夏伏之际，人们会在神社鸟居、神社境内立茅圈。据说钻过茅圈就能祈请消除罪孽污秽、洁净身心。另外，茅圈与"苏民将来"（见 214 页）的传说密切相关，为人所熟知。

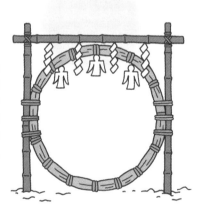

【主要象征】
消灾免难、无病无灾

陶铃

陶制铃铛，发掘于绳文时代遗址或古代祭祀遗址中，因此人们认为陶铃用于祭祀，因音色不同而具有招神或驱邪的功效。此外，还产生了各种作为信物的陶铃和当地玩具。顺便说一句，奈良时代，铃铛还被贵族社会视为装饰物。

【主要象征】
消灾免难、开运招福

稻草人

远古时代，人们会在村子入口或是可环视四周之处摆放巨大稻草人，以防止瘟神入侵，保护村落安全，祈求丰收。有的地方称稻草人为"鹿岛样"，会让其乘船漂流。此外，"丑时参拜"所用的诅咒道具名为"诅咒稻草人"，十分恐怖。

【主要象征】
消灾除厄、五谷丰登

地藏

平安时代净土信仰在日本普及。平安时代之后，人们认为地藏可以让人免受地狱折磨之苦，地藏信仰遂普及开来。六地藏源于佛教六道轮回思想，见于日本各地。此外，相传地藏会在冥河河滩保护儿童，所以人们为儿童、夭折胎儿上供时会叩拜地藏。关西地区至今都将"地藏盆祭"视为儿童的庆典。

【主要象征】
神佛加护（因地藏不同而不同）

可爱小物的寓意

神总是难以亲眼得见。于是人们便将常见的动物视为信仰对象，或者将它们视为各种神佛的使者，对着它们祈愿。其中，有的动物因节日、庆典、文字游戏而被赋予特别含义，并被认为可以为人们带来吉祥。

人们认为招财猫可以招徕客人，因此多将其装饰于店铺前。关于招财猫的来源众说纷纭。有说法认为招财猫源于猫可以除掉对养蚕有害的老鼠，也有说法认为其源于豪德寺（东京都）和尚养的猫，甚至还有说法认为招财猫源于一只招将军自性院（东京都）的太田道灌（日本室町时代后期的武将）引入寺庙的猫。有的地方将九月二十日定为"招财猫日"，举行"招福猫庆典"等。

【主要象征】
生意兴隆、驱鼠、驱邪

猫举右手招财运，举左手招客人

狗一次可产崽数只，被视为平安分娩、多产的象征。因此，从室町时代起，公家产房里就饰有名为"御伽犬""犬筥"的纸糊狗，以祈求平安生产。纸糊狗是民众仿照狗的样子用纸糊成的。江户时代后期，有的地方还将纸糊狗作为嫁妆。人们认为头顶笸箩的"笊被犬"与汉字"笑"相通，可以招福。

【主要象征】
祈求平安生产、祈求儿童茁壮成长、开运招福

笊被犬表示"笑"字

稻荷狐

稻荷社供奉的狐像。稻荷社因以稻荷神的名字命名而深受人们喜爱。日本各地都有稻荷神社，据说其本源为伏见稻荷神社（京都府）。平安时代起，受真言密教、道教等的影响，狐狸被视为农田之神的使者，成为除灾招福之神，在民众间逐渐传开。而且，江户时代町民间还产生了将稻荷视为屋敷神的风俗。

【主要象征】

招福除灾、五谷丰登、开运招福

被视为稻荷神的使者，与鸟居一
起装饰

含鲑熊

再大的熊刚出生的时候个头都非常小，但长大后却变得比人还高，所以熊含有"长大""成长为大人物"之意，是象征儿童成长的吉祥动物。另外，熊嘴里含着的鲑鱼不仅是喜庆之鱼，而且产卵多，被视为吉祥之鱼。所以含鲑熊便被赋予了"战胜考验""考试合格"之意。

【主要象征】

祈求儿童茁壮成长、出人头地

鸽笛

鸽笛指能模仿鸽叫声的笛子，是日本全国各地八幡宫、八幡神社的吉祥物。但其所含的吉祥之意因地方不同而不同，如青森县认为鸽笛声可以封印儿童体内的痄虫，通老人喉咙内的堵塞物。京都认为鸽笛可以防止小孩夜哭，而东京则认为鸽笛可以招来幸运。

【主要象征】

消灾除厄、开运招福

鱼尾可以驱邪，一般都吊在民户的屋檐下，或钉在墙上，是日本各地渔村的风俗。不仅是鱼尾，有的地方还会吊蟹壳、虾壳、贝壳、海马干、六斑刺豚。有说法认为该习俗源于模仿装饰于寺院、宫殿屋顶之上的鸱尾，还有说法认为该习俗与节分之日把沙丁鱼头穿于柊树枝上插在门口的习俗相似，因鬼讨厌鱼尾的气味，所以用此气味驱邪。

鱼尾

【主要象征】

开运招福、祈求考试合格

木灰雀

日语中"灰雀"与"谎言"读音相似，所以木灰雀含有"灾难厄运统统都是谎言"的吉祥之意

灰雀是一种雀形目鸟类。木灰雀是小年儿之际用柳木等木头制成的木质仿造灰雀，属于挂削花的一种。日语中"灰雀"与"谎言"读音相似。据说在祭祀天神的神社中，木灰雀含有"希望灾难、厄运、凶事都是谎言，统统逢凶化吉"之愿。其中，太宰府天满宫（福冈县）的"换灰雀"神事十分有名。参拜者们于一月七日酉时聚在一起，边喊着"换吧、换吧"，边交换木灰雀。

【主要象征】

驱邪

七夕马

七夕马指的是七月（八月）六日傍晚或七日用禾本科多年生草本植物茭白等制成的一对马或一对牛。有的地方会用茄子、黄瓜制作。七夕马可用作佛前供品、七夕装饰。七夕庆典结束后人们会将其放入河里冲走或放在屋顶上。七夕马又名"精灵马"，源于迎接祖先之灵乘马归来之意。此外，七夕马又名"田神马"，源于田神巡视田地的传说。

【主要象征】

供奉祖先、五谷丰登

日本自古认为白纸可以去除污秽，故将白纸用作祭祀道具，做成供奉神灵的御币。而且人们还会用纸折人偶，用作神灵寄居之物，这便是折纸的起源。人们折好纸鹤后，会对着纸鹤吹一口气以整理纸鹤形状。纸鹤被公认为有帮助达成心愿的力量，象征无病无灾，多用于探病及部分地区的七夕装饰等。

纸鹤

【主要象征】

疾病早日痊愈、开运招福、祈求和平

信乐烧烧制的狸（貉）。日语中"狸"与表示超过他人之意的"他拔"读音相同，所以狸象征商运、财运、开运、竞赛取胜之意。开运狸大多手持德利小酒壶和大福流水账，头戴斗笠。这是因为德利小酒壶象征"利德""积德"，大福流水账象征"信赖老主顾"，斗笠象征"消灾除难"。因此，开运狸多置于店铺门口。

开运狸

【主要象征】

开运招福、财运上升、生意兴隆

狮子舞中狮子的头部。人们自古就认为狮子一吼便能震慑万物，认为狮子可以阻止灾难发生。因此狮子不仅被用作新年、庆典装饰，而且还被装饰于壁龛、玄关之处，以驱邪除厄。狮子头也成了孩子出生后首个节日、结婚、生子、新建房屋等喜庆场合不可或缺的吉祥装饰。寺院、神社则认为狮子头护身符可以驱除厄运、招来好运。

狮子头

【主要象征】

开运除厄、驱邪

日本各地小物的寓意

众所周知，日本是一个国土南北狭长的国家，冲绳和北海道年温差极大，各地人们的生活方式不同，民间信仰也极富多样性。下面让我们一起以衣食住行、乡土玩具为中心，聚焦日本各地，探索各种极具特色的吉祥小物吧。

石敢当

石敢当是指刻有"石敢当""泰山石敢当""石散东""石散当""石散堂"等文字的驱邪石碑、石标。多置于恶灵横行的丁字路尽头、道路岔口、家门、院墙、急转弯处。石敢当源于中国"建于道路尽头的宅子为凶"的风水思想。石敢当由琉球（冲绳县）传往九州，已扩展至日本各地。

地域
冲绳 九州

【主要象征】
驱邪、除灾招福、交通安全

狮子吻兽是冲绳县常见的传说中的灵兽的石像。狮子吻兽在日语中读作"SISA"，是"狮子"的冲绳方言叫法，八重山诸岛则称狮子为"SISI"。人们认为狮子吻兽来源于古代东方的狮子或犬。狮子吻兽是一种驱邪之物，多置于建筑物门口、房顶、村落高台等处，以击退带来灾难的恶灵，保护房屋、人、村落。开口狮子吻兽为雄性，可保护房屋、家人免受恶魔伤害，并招福。闭口狮子吻兽为雌性，有衔紧雄狮招来之福、不让幸福逃走之意。

狮子吻兽

人们认为开口的狮子吻兽可以招福，闭口的狮子吻兽可以留住福气，不让幸福逃走

【主要象征】
驱邪、开运招福

地域
冲绳

祝垫背

垫背是指背行李时垫在背上的东西。关于祝垫背的由来，有的地方认为源于将蓑衣用作垫背，还有的地方认为源于蓑衣、垫背的形状与鸟、大飞鼠（披肩蓑衣）相似。祝垫背多饰有彩布、彩线编花，十分华美。日本有婚礼中用祝垫背运嫁妆的风俗，祝垫背至今都被用作嫁妆。

【主要象征】

夫妻美满

蚕神

日语中蚕神写作"オシラ様""お白様""おしら様"，又被称为御户内样、御神明样。蚕神是日本东北地区信仰的一种家神，通常被视为蚕神、农业之神、马神。其神体为雕刻或绘有男女面孔、马脸的桑木木棒。人们每年都会在上面套上一层名为"御洗濯"的布衣。人们平时都将蚕神神体供奉在神棚、壁龛之中。

【主要象征】

祈求痊愈（多用于女性、眼病）、五谷丰登、祈求养蚕丰收

金精尊又被称为金精神、金精大明神，是用木、石、陶器等制成的男性阳物。另外，金精还有"金势""金清""金生""魂生""根性""根精"等各种假借字。东日本、东北地区、关东地区有很多供奉金精神的神社。关于金精尊来源的说法众多，有的说法甚至认为金精尊的来源可追溯到绳文时代的石棒。还有的说法认为：温泉象征女阴，为使温泉一直喷涌、永不枯竭，人们便开始供奉金精神。这些说法都与丰收、生产有关。

【主要象征】

祈求得子、祈求结缘、生意兴隆

金精尊

将桃木、柳木等木头削成六角形、八角形做成的驱邪神器，各面写有"大福、长者、苏民、将来、子孙、人也"等。大型神器上还绘有达摩、惠比须等。顺便说一句，苏民将来是《备后国风土记》中的出场人物名。苏民将来家里虽然很贫穷，但还是留五塔神借宿。五塔神为报留宿之恩，便将可以驱除疾病的茅圈送给了苏民将来。岩手县还会举行著名的苏民庆典。

【主要象征】

驱除疾病、驱邪

苏民将来

地域

近畿　东北　北海道

根据云浜狮子舞的舞姿做成的偶人。武州川越（埼玉县）的祭礼上会跳云浜狮子舞。云浜狮子舞以雄壮的舞姿和优美的笛声讲述了两头雄狮围绕一头雌狮展开的求爱故事。云浜偶人与云浜狮子所含吉祥之意相通，象征家人安全、开运招福。

【主要象征】

无病无灾、开运招福

云浜偶人

地域

日本中部，特别是福井县

漂偶人是一种传统庆典，又名"放流偶人"，被视为女儿节的起源。漂偶人与被除偶人一样，都源于用水冲洗身上的污秽以净身。《源氏物语·须磨卷》中也记载过漂偶人。用濑（鸟取县）漂偶人祭祀为农历三月初三。这一天，人们会把一对男女纸偶放在米草包圆盖上，同时装饰上菱形年糕、细桃枝，将灾难厄运转托于此，然后将米草包圆盖放入千代川冲走以求无病无灾。

漂偶人

【主要象征】

神佛加护

地域

日本的中国·四国地区，主要是鸟取县

有说法认为牡丹饼来源于亥子饼

亥子饼指阴历十月上旬亥日用新收谷物做成的猪形年糕，又名"玄猪饼"。亥子饼源于中国。在中国，猪对应的地支为亥，人们美慕猪的高产，便将大豆、小豆、豇豆、亚麻籽、栗子、柿子、糖磨成七种粉末并混合，制作了亥子饼。后来亥子饼传入日本，流行于皇宫中。

【主要象征】

无病无灾、子孙繁盛、祈求平安生产

亥子饼

地域

关东　近畿

赤团

爱知县津岛市津岛神社周边的吉祥点心。米粉加热水揉成团状，放入亚麻籽油炸熟即可做成赤团。据说赤团是遣唐使带回日本的一种唐点心。赤团源于赤团子，弘法大师认为祈求恶灵退散时祭祀神佛的赤团子就是梵语中的"阿伽陀"。津岛天王祭（爱知县）的神事中，赤团和缲團①两种点心都很畅销。

【主要象征】

消灾除厄、恶灵退散

地域

日本中部，特别是爱知县

宇佐饴别名"御乳糖"，十分有名

① 日语原文为 くつわ，因形似辔头而得名。

宇佐饴

九州地区有给产妇送糖以祈求孩子出生后奶水充沛的习俗。宇佐饴源于宇佐神社（大分县）。宇佐神社的母神为神功皇后，祭神为应神天皇。传说神功皇后抚育应神天皇时缺奶，使用该糖代替奶水。宇佐饴由玄米、淀粉、大麦芽混合制成，黏性强，且甜味原始古朴。

【主要象征】

祈求乳汁充沛、平安生产、孩子茁壮成长

地域

九州·冲绳，特别是大分县

今宫神社（京都府）门前的点心。今宫神社因安良居祭而闻名。将用于神事的竹子削成细细的竹签，竹签上串好小年糕团子后放在炭火上烤制。烤好后淋上用蜂蜜调过味的黏稠酱汁，烤年糕团子就做好了。店铺里会将烤年糕团子盛在"安良居盘"中端上来。烤年糕团子的起源可追溯到一千年前，人们会在祈求恶灵退散的瘟神祠里供奉小团子、胜饼，这便是烤年糕团子的雏形。当地人认为吃烤年糕团子象征驱除厄运、无病无灾的吉祥之意。

地域

特别是京都府

近畿地区，

【主要象征】

无病无灾、消灾除厄

烤年糕团子

关东酉市上有四大畅销品：能聚财的"竹耙"、吃了就能当首领的"八头芋"、吃了能成为有钱人的"黄金饼（栗饼）"，以及吃了不感冒的"花椒切糕"。糕如其名，花椒切糕中含有花椒粉。叶、花、果实、树干、树皮……花椒浑身上下都是宝，没有一处浪费，所以含有吉祥之意。人们认为花椒具有药效，与无病无灾、消灾除厄相通。

花椒切糕

地域

特别是东京都

关东，

【主要象征】

无病无灾、开运除厄

石川县加贺地区于产妇临产当月戊日分发的一种卵状年糕。圆溜溜饼含有希望顺利生产，生一个皮肤如年糕般嫩滑、胖乎乎的漂亮宝宝之愿。当地有孕妇娘家给婆家送圆溜溜饼的习俗。此外，还有习俗认为：所赠圆溜溜饼的数量应为奇数，象征不用剖腹，顺产；收到圆溜溜饼后不能烤着吃而是要直接吃，象征孩子出生后不会受烧伤、烫伤。

圆溜溜饼

地域

特别是石川县

日本中部，

【主要象征】

祈求安产、祈求孩子茁壮成长

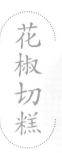

索引

穿在身上的祝福：和式纹样的爱与美

索引

索引

参考文献

日本美術全集／講談社

日本・中国の文様辞典／視覚デザイン研究所

日本の伝統デザイン／学習研究社

日本の意匠辞典／岩崎治子　岩崎美術社

日本の文様／コロナブックス編集部　平凡社

日本の文様／社団法人日本図案化協会

きものの文様図鑑／弓岡勝美編　長崎巌監修　平凡社

キモノ文様辞典／藤原久勝　淡交社

きものTPO／世界文化社

帯と文様／弓岡勝美編　藤井健三監修　世界文化社

家紋の話／泡坂妻夫　新潮社

歴史と旅　1998年4月号／秋田書店

日本史こぼれ話─古代・中世／野呂肖生　山川出版社

新編　新しい社会歴史／東京書籍

探検!　仏さまの文様／奈良国立博物館

姫君の華麗なる日々／朝日新聞社

源氏物語1000年／横浜美術館　NHK　NHKプロモーション

小袖 江戸のオートクチュール／日本経済新聞社

蒔絵／読売新聞大阪本社

絵皿は語る／渋沢史料館　豊田市民芸館　町田市立博物館

染めと織を訪ねる／長崎巌　新潮社

魔よけ百科／岡田保造　丸善株式会社

植物と行事／湯浅浩史　朝日新聞社

藁の力／佐藤健一郎・田村善次郎　淡交社

日本の形／朝日新聞社

暦と祭事／小学館

ナチュラル・マジック／マリアン・グリーン　河出書房新社

知っているとうれしいにほんの縁起もの／広井千悦子　徳間書店

絵引・民具の事典／岩井宏實　河出書房新社

ちょっと昔の道具たち／岩井宏實　河出書房新社

頼れる神様大事典／戸部民夫　PHP研究所

「日本の神さま」おもしろ小事典／久保田裕道　PHP研究所

江戸の判じ絵／岩崎均史　小学館

日本の菓子／亀井千歩子　東京書籍

縁起菓子・祝い菓子／亀井千歩子　淡交社

「まつり」の食文化／神崎宣武　角川書店

箸　お箸を通した国際交流資料／東京藝術大学漆芸研究室

暮らしの手ぬぐい暦／佐々木ルリ子　河出書房新社

图书在版编目（CIP）数据

穿在身上的祝福：和式纹样的爱与美 /（日）水野惠司编写 ;（日）藤依里子著 ; 薛芳译 .
—厦门：鹭江出版社，2018.8

ISBN 978-7-5459-1454-2

Ⅰ . ①穿… Ⅱ . ①水… ②藤… ③薛… Ⅲ . ①民族服饰—服饰图案—日本
Ⅳ . ① TS941.743.13

中国版本图书馆 CIP 数据核字（2018）第 019140 号

著作权合同登记号
图字：13-2018-006
KAIUN NIPPON NO DENTOU MONYOU
Copyright © E.Fuji 2010
Chinese translation rights in simplified characters arranged with
NIPPON JITSUGYO PUBLISHING Co., Ltd.
through Japan UNI Agency, Inc., Tokyo

CHUAN ZAI SHENSHANG DE ZHUFU: HE SHI WENYANG DE AI YU MEI

穿在身上的祝福：和式纹样的爱与美

（日）水野惠司 编写　藤依里子 著　薛芳 译

出版发行：鹭 江 出 版 社
地　　址：厦门市湖明路 22 号　　　　　　　　　　　　　　　　　邮政编码：361004
印　　刷：三河市兴博印务有限公司
地　　址：河北省廊坊市三河市杨庄镇大窝头村西　　　　　　　　邮政编码：065200
开　　本：880mm×1230mm　1/32
插　　页：3
印　　张：7
字　　数：175 千字
版　　次：2018 年 8 月第 1 版　2018 年 8 月第 1 次印刷
书　　号：ISBN 978-7-5459-1454-2
定　　价：58.00 元

和服之美
关于和服的生活美学

龙泽静江和服学院校长、
日本着装文化传承协会会长
泷泽静江　倾情力作

用多彩的图案展现独特的个性，
用独特的质感恪守高雅的品位。
愿每一个爱美的女子，都变得
丰盈而有趣味。

　　日本和服拥有悠久的历史与传统，日本人独有的细腻孕育出和服独特的美。
　　日本各地都创造了具有本土特点的衣料。每一匹布料都是匠人精心纺织的杰作，每一次印染都是匠人精心付出的成果。由于在仪式庆典、日常生活中的一些特定场合需要穿着特定的服装，和服便应运而生。
　　本书对和服进行简洁明了的归纳，从印染和服与绢织和服中选取几种代表和服，按产地进行介绍，希望能够帮助喜爱和服的人更详细地了解和服，发现和服里更多的不动声色的美。